2007年
公路工程监理工程师执业资格考试
〈公路工程经济〉应试辅导

重庆交通大学　黄显贵 范智杰 魏道升　主编

人民交通出版社
China Communications Press

内 容 提 要

《公路工程监理工程师执业资格考试应试辅导〈公路工程经济〉分册》依托考试大纲，对各部分考试内容进行了考点分析，给出了部分例题。同时书中附有两份综合复习题、历年考题及参考答案，供考生考前复习与模拟。

本书可供参加交通部公路工程监理工程师执业资格考试的考生进行考前培训和复习备考之用。

图书在版编目（CIP）数据

公路工程监理工程师执业资格考试〈公路工程经济〉应试辅导/黄显贵，范智杰，魏道升主编. —2版. —北京：人民交通出版社，2007.6
ISBN 978-7-114-06581-1

Ⅰ.公… Ⅱ.①黄…②范…③魏… Ⅲ.①道路工程-工程施工-监督管理-资格考核-自学参考资料②道路工程-工程经济-资格考核-自学参考资料 Ⅳ.U415.1

中国版本图书馆 CIP 数据核字（2007）第 076162 号

Gonglu Gongcheng Jianli Gongchengshi Zhiye Zige Kaoshi〈Gonglu Gongcheng Jingji〉Yingshi Fudao

书　　名：公路工程监理工程师执业资格考试〈公路工程经济〉应试辅导
著 作 者：黄显贵　范智杰　魏道升
责任编辑：陈志敏　邵　江
出版发行：人民交通出版社
地　　址：(100011)北京市朝阳区安定门外外馆斜街 3 号
网　　址：http://www.ccpress.com.cn
销售电话：(010)85285838，85285995
总 经 销：北京中交盛世书刊有限公司
经　　销：各地新华书店
印　　刷：北京鑫正大印刷有限公司
开　　本：787×1092　1/16
印　　张：10.5
字　　数：259 千
版　　次：2007 年 6 月　第 2 版
印　　次：2007 年 6 月　第 1 次印刷　累计第 5 次印刷
书　　号：ISBN 978-7-114-06581-1
定　　价：25.00 元

出 版 说 明

公路工程监理工程师执业资格考试,是我国交通建设工程监理执业资格管理体制改革的一项重大举措,其目的是为了规范公路工程监理工程师执业资格管理,通过科学、公平、客观、合理地考核应考者的工程专业技术与管理水平、监理知识及分析解决工程实际问题的能力,以选拔监理人才,提高交通建设监理队伍的整体素质。

为满足广大考生复习备考的需要,人民交通出版社特委托重庆交通大学组织有多年培训经验的专家,编写了公路工程监理工程师执业资格考试应试辅导系列丛书,本丛书第一版于2006年出版。本丛书共包括5个分册:1.〈监理理论〉分册;2.〈合同管理〉分册;3.〈公路工程经济〉分册;4.〈道路与桥梁〉分册;5.〈综合考试〉分册。

2006年本丛书出版后受到了广大考生的欢迎,销量达20000余套。2007年公路工程监理工程师执业资格考试即将开始,根据最新考试大纲和最新出版的监理培训教材,总结过去几年的培训经验、考生反馈意见和考试特点,重庆交通大学重新对本套丛书进行了全面修订,增删修改了部分内容,提高了教材质量,并于2007年5月正式出版。

本丛书各分册作者都是长期从事全国公路工程监理工程师培训的教授,具有丰富的现场监理经验,并参加了2003~2006年交通部注册监理工程师考前培训工作,经验丰富,深知考试要点和考生复习备考关键。

本丛书各分册从考试大纲入手,总结了考试要点,列出了常见的出题点,给出了大量的复习题,并附历年考题和考前模拟题,供考生复习和考前训练。

我们衷心希望本套丛书能够帮助考生顺利通过考试。

人民交通出版社

2007年5月

目　　录

第一部分　工程经济管理

一、考试大纲要求

了解:不确定性分析的理论与方法。

熟悉:价值工程、资金时间价值及现金流量图的概念,资金时间价值的计算及各项评价指标的概念和计算。

掌握:技术方案的经济比较与选择,价值工程的活动程序及分析评价方法。

二、考点分析与例题

(一)考点1:现金流量图

1.概念

工程经济分析时,拟建项目在整个项目计算期内各个时点 t 上发生的现金流出 CO_t、流入 CI_t,第 t 时刻流入的现金 CI_t 与第 t 时刻流出的现金 CO_t 的差额称为第 t 时刻净现金流量 CF_t。

现金流量一般以计息期为时间量的单位,用现金流量图或现金流量表表示。

现金流量图是一种反映研究投资系统中系统资金运动状态的图式,它以横轴为时间轴、纵轴用箭线标示不同时间点的现金流入(一般在横轴的上方)和现金流出(一般在横轴的下方)。

2.现金流量图的绘制

现金流量图的正确绘制非常重要,必须清楚现金流量的三要素和现金流量图的绘制规则。

1)现金流量的三要素

现金流量的大小(现金数量)、方向(现金流入或流出)和作用点(现金发生的时间点)。

2)现金流量图的绘制规则

(1)以横轴为时间轴,向右延伸表示时间的延续,轴上每一刻度表示一个时间单位,可以取年、季、月等;零表示时间序列的起点。

(2)相对于时间坐标的垂直箭线代表不同时点的现金流量情况,现金流量为正(一般指流入)绘在相应时刻的横轴上方,现金流量为负(一般指流出)绘在相应时刻的横轴下方,并在各箭线旁注明现金流量的大小。

(3)箭线与时间轴的交点为现金流量发生的时间单位末。

3.例题

1)单项选择题(每题的备选项中,只有1个最符合题意)

(1)现金流量图的三大要素包括(C)。

A.资金数额、方向、资金作用期间　　B.资金数额、流入、资金作用时间点

C.资金大小、流向、资金发生的时间点　　D.大小、流出、时间点

(2)项目在整个计算期内某时点所发生的现金流入与现金流出之差称为(D)。

A. 现金流量　　　　　　　　　　　　B. 净现金存量

C. 现金存量　　　　　　　　　　　　D. 净现金流量

(3)某工程项目第一年初的投资100万,第二年投资50万,第二年获利30万,第三年上半年获利50万,第三年下半年获利100万。请问下列哪一现金流量图是正确的。(D)

A. 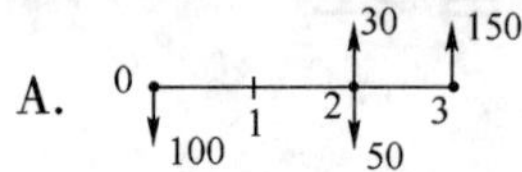

B.

C. 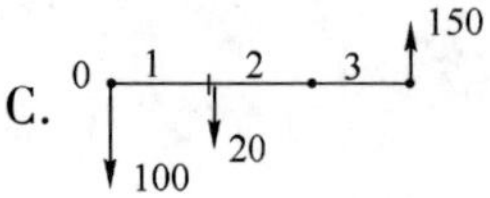

D.

(4)某工程项目第一年初投资1000万,第二年获利300万,第三、四、五年分别获利500万,第三、四年分别又投资200万,第五、六年分别获利600万。请问第二、三、四年的净现金流量分别是(B)。

A. 300万,300万,300万　　　　　　B. 100万,300万,500万

C. 300万,700万,700万　　　　　　D. 500万,700万,500万

2)多项选择题(每题的备选项中,只有2个或2个以上符合题意,至少有1个错项)

(1)以下关于现金流量的符号搭配正确的有(ABE)。

A. 现金流入(CI)　　　B. 现金流出(CO)　　　C. 现金流入(CO)

D. 现金流出(CI)　　　E. 净现金流量(CI-CO)

(二)考点2:资金时间价值

(注:该部分内容可以结合公路工程监理培训教材《工程费用监理》P10—P18来学习)

1. 资金时间价值的概念

资金的时间价值是资金参与社会再生产的增值(其实质是劳动者在生产中创造的剩余价值)。从投资的角度来看,资金的增值特性使资金具有时间价值;从消费的角度来看,资金的时间价值体现为对放弃现期消费的损失所应做的必要补偿。

2. 资金时间价值计算

1)几个参数的注释

现值 P —— 表示资金发生在某一特定时间序列始点上的价值。

终值 F —— 表示资金发生在某一特定时间序列终点上的价值。

时值 W —— 指资金在某一特定时间序列始点和终点之间任一时刻的价值。

年金 A —— 通常用 A 表示,指各年等额收入或支出的金额。

计息期 n —— 指项目在整个计算期内,计算利息的次数,通常以年为单位。

利率 i —— 在一个计息周期内所得的利息额与本金之比。

贴现率 —— 把根据未来的现金流量求现在的现金流量时所使用的"利率"称为贴现率,一般是指年贴现率。

等值 —— 指在特定利率条件下,在不同时点的绝对值不相等的资金具有相同的价值。

2)利息与利率的概念

利息是资金时间价值的一种重要表现形式,利息额是衡量资金时间价值的绝对尺度,利率

注:(第二版)《工程费用监理》,袁剑波主编.北京:人民交通出版社,2007。全书余同。

是衡量资金时间价值的相对尺度。

(1)利息 I 债务人支付给债权人超过原借贷款金额的部分就是利息,计算公式为:

$$I = F - P$$

(2)利率 i 利率是在一个计息期内所得的利息额与借贷金额(本金)的比值,计算公式为:

$$i = I/P \times 100\%$$

(3)利息的计算 计算方法有单利法和复利法两种方法,常用的是复利法。

单利法:对到期的利息不再计息,从而每期的利息是固定不变的,计算公式为

$$\text{利息} I = P \cdot i \cdot n$$

$$\text{本利和} F = P(1 + i \cdot n)$$

复利法:利息要再产生利息,计算公式为

$$\text{本利和} F = P(1 + i)^n$$

3)名义利率、有效利率的计算

在复利计算中,利率周期通常以年为单位,它可以与计息周期相同,也可以不同。当计息周期小于一年时,就出现了名义利率和有效利率的概念。

名义利率 r 是指计息周期利率乘以一年内的计息周期数 m 所得的年利率。即:

$$r = i \times m$$

若计息周期月利率为1%,则年名义利率为12%。很显然,计算名义利率时忽略了前面各期利息再生的因素,这与单利的计算相同。

有效利率是指资金在计息中所发生的实际利率,包括计息周期有效利率和年有效利率两种情况。

(1)计息周期有效利率,即计息周期利率 i, $i = r/m$;

(2)年有效利率,即年实际利率。

已知某年初有资金 P,名义利率为 r,一年内计息 m 次,则年实际利率为:

$$i = I/P = (1 + r/m)^m - 1$$

式中,m 为一年中实际的计息次数,从公式中可以看出:当一年内计息多次时,区分名义利率和实际利率才有意义;当一年内计息一次时,名义利率就是年有效利率;当计息期小于一年时,名义利率小于年实际利率,一年内计息期越多,年实际利率越大。

4)资金的等值计算

资金的等值计算,就是把在一个时间点发生的资金额转换成另一个时间点的等值的资金额,其转换过程就称为资金的等值计算。把将来某一时点的资金金额换算成现在时点的等值金额的过程称之为贴现,其贴现后的资金金额称为现值 P。与现值等价的将来时点的资金金额称为终值 F。

(1)一次支付的终值和现值计算

①终值计算(已知 P,求 F)

已知 P,i,n,求终值 F,其公式为:

$$F = P(1 + i)^n$$

式中:$(1+i)^n$——称为一次支付终值系数,也可用符号$(F/P,i,n)$表示;$(F/P,i,n)$符号表示在已知 P,i 和 n 的情况下求解 F 的值。

②现值计算(已知 F,求 P)

已知 F,i,n,求 P。由终值公式求逆运算:

$$P = F/(1+i)^{-n}$$

式中：$(1+i)^{-n}$——称为一次支付现值系数（或称贴现系数），记为$(P/F,i,n)$，它和一次支付终值系数互为倒数。

(2)等额支付系列的终值、现值、资金回收和偿债基金计算

①等额支付终值公式（已知A，求F）

已知A,i,n，求F。类似于我们平常储蓄中的零存整取。

利用一次支付终值公式可推导出等额支付终值公式：

$$F = A\{[(1+i)^n - 1]/i\} = A(F/A,i,n)$$

式中：$[(1+i)^n-1]/i$——称为等额支付终值系数，记为$(F/A,i,n)$。

②等额支付现值公式（已知A，求P）

已知A,i,n，求P。由等额支付终值公式$F=A\{[(1+i)^n-1]/i\}$折现，立即得到：

$$\begin{aligned}P &= A\{[(1+i)^n-1]/[i(1+i)^n]\}\\ &=A\{[1-(1+i)^{-n}]/i\}\\ &=A(P/A,i,n)\end{aligned}$$

式中：$[1-(1+i)^{-n}]/i$——称为等额支付现值系数，记为$(P/A,i,n)$。

③等额支付资金回收公式（已知P，求A）

已知P,i,n，求A，由等额支付现值公式变形得：

$$\begin{aligned}A &= P\{i/[1-(1+i)^{-n}]\}\\ &=P(A/P,i,n)\end{aligned}$$

式中：$i/[1-(1+i)^{-n}]$——称为等额支付资金回收系数，记为$(A/P,i,n)$。

④等额支付偿债基金公式

类似于我们日常商业活动中的分期付款，即已知F,i,n，求A，是等额支付终值公式的逆运算，由等额支付终值公式变形得：

$$\begin{aligned}A &= F\{i/[(1+i)^n-1]\}\\ &=F(A/F,i,n)\end{aligned}$$

式中：$i/[(1+i)^n-1]$——称为等额支付偿债基金系数，记为$(A/F,i,n)$。

3. 例题

1)单项选择题（每题的备选项中，只有1个最符合题意）

(1)某人现借得本金10000元，一年末付息800元，则年利率为(C)。

A. 16%　　B. 10%

C. 8%　　D. 4%

(2)n期末单利本利和F的计算公式是(B)。

A. $1+n\times i$　　B. $P\times(1+n\times i)$

C. $P\times(1+i)$　　D. $P\times i$

(3)同一笔借款在利率、计息周期均相同的情况下，复利终值和单利终值的数量关系是(B)。

A. 前者等于后者　　B. 前者大于后者

C. 前者小于后者　　D. 无法确定

(4)等额支付资金回收系数为(A)。

A. $(A/P,i,n)$　　B. $(A/F,i,n)$

C. $(F/A,i,n)$　　　　D. $(P/A,i,n)$

(5)某人从25~60岁每年存入银行养老金1000元,若利率为8%,则他在60~74岁间每年可以等额领到的钱是(A)。

A. 1000$(F/A,8\%,36)(A/P,8\%,14)$　　　　B. 1000$(F/A,8\%,35)(A/P,8\%,13)$

C. 1000$(F/A,8\%,35)(P/A,8\%,13)$　　　　D. 1000$(F/A,8\%,36)(P/A,8\%,14)$

(6)现金流量的等值是指在特定利率下不同时点上的(A)。

A. 两笔现金流量价值相等　　　　B. 两笔现金流量计算过程相同

C. 两笔现金流量数额相等　　　　D. 两笔现金流量计算公式相同

(7)某工程项目向银行贷款,年利为10%,半年计息一次,实际年利率应是(C)。

A. 10%　　　　B. 5%

C. 10.25%　　　　D. 20%

(8)当名义年利率一定时,下列表述中正确的是(A)。

A. 计息期数越多,有效年利率越高　　　　B. 计息期数越多,有效年利率越低

C. 有效年利率的数值与计息期数成正比　D. 有效年利率的数值与计息期数成反比

2)多项选择题(每题的备选项中,只有2个或2个以上符合题意,至少有1个错项)

(1)影响资金时间价值的因素很多,其中主要有(BCDE)。

A. 资金投资对象　　　　B. 资金数量的大小

C. 资金的使用时间　　　　D. 资金周转的速度

E. 资金投入和回收的特点

(2)一次支付终值计算公式可写为(AC)。

A. $P(1+i)^{n}$　　　　B. $P(1+i)^{-n}$

C. $P(F/P,i,n)$　　　　D. $P(A/F,i,n)$

E. $P(P/F,i,n)$

(3)现在存入银行10000元,年利率10%,在第7年末共获得19187元,问第3年末的终值可表示为(AD)。

A. 19187$(P/F,10\%,4)$　　　　B. 19187$(F/P,10\%,4)$

C. 10000$(F/P,10\%,4)$　　　　D. 10000$(F/P,10\%,3)$

E. $10000+(19187-10000)\times 3/7$

(4)现在存款5000元,年利率为8%,半年计息一次,在第6年末存款本利和的表达式可写为(DE)。

A. 5000$(F/P,8\%,6)$　　　　B. 5000$\left(F/P,\frac{8\%}{2},6\right)$

C. 5000$(F/P,8\%,6\times 2)$　　　　D. 5000$\left(F/P,\frac{8\%}{2},2\times 6\right)$

E. 5000$(F/P,8.16\%,6)$

3)判断题

(1)利息是资金时间价值的一种重要表现形式,利息额是衡量资金时间价值的绝对尺度,利率是衡量资金时间价值的相对尺度。　(T)

(2)年金终值系数和年金现值系数互为倒数。　(C)

(3)名义利率和有效利率都真实地反映了资金的时间价值。　(T)

(4)已知$(F/A,i,n)=1.25$，$F=100$万元，则A为85万元。 (C)

(三)考点3:方案经济评价指标

1.方案经济评价的作用

方案经济评价是项目评价的一项核心内容。

2.方案经济比较评价的原则

(1)重大基础设施和公益性项目的方案比较，原则上应通过国民经济评价和综合评价来确定。

(2)方案比较应遵循效益与费用计算口径对应一致的原则。

(3)方案比较应注意各个方案间的可比性:①服务年限可比，所比较方案的服务年限相同，如有不同应设法在相同期间内进行对比;②计算基础资料可比，包括设备价格、材料价格及工资单价等价格指标要相同，各种消耗指标应采用同一资料，投资估算应采用同一指标等;③设计深度相同，即各设计方案的详细程度相同，效益与费用的计算范围一致;④经济计算方法相同。

3.独立方案的经济评价参见公路工程监理培训教材《工程费用监理》P18—P28

(1)必须弄清楚每个指标的意义，以及根据指标计算结果对方案作出判断。

(2)必须清楚每个评价指标的计算，特别掌握 NPV 及 IRR 计算，以及静态投资回收期的计算。

4.互斥方案经济比较方法

1)对互斥方案经济比较，目前国内外常用的方案比较方法有动态分析法和静态分析法。动态分析法有:“差额投资内部收益率法”、“现值比较法”、“年值比较法”、“最低价格法”和“效益/费用法”;静态分析法有“差额投资收益率法”、“ 差额投资回收期法”和“计算费用法”。

2)计算期相同时投资方案比较可用净现值(NPV)法、费用现值(PC)法、年值(AW)和净现值率(NPVR)法等方法。

3)当对计算期不同的投资方案比较时，可用以下方法进行处理:

(1)方案重复法(最小公倍数法)(采用净现值指标);

(2)最短计算期法(采用净现值指标);

(3)年值法。

4)当对效益相同(或基本相同)的投资方案比较时，可用以下方法进行处理:

(1)费用现值法;

(2)年费用法。

5)当对产量不同、产品价格难以确定的投资方案进行比较时，可用最低价格法。

5.互斥方案经济比较指标计算公式及评判

1)差额投资内部收益率法

差额投资内部收益率是两方案各年净现金流量差额的现值之和等于零的折现率，其表达式如下。

(1)财务评价时

$$\sum[(CI-CO)_2+(CI-CO)_1]_t(1+\Delta FIRR)^{-t}=0 \quad (t=0,1,2,\cdots,n)$$

式中:ΔFIRR——差额投资财务内部收益率;

$(CI-CO)_2$——投资大的方案年净现金流量；

$(CI-CO)_1$——投资小的方案年净现金流量。

(2)国民经济评价时

$$\sum[(B-C)_2-(B-C)_1]_t(1+\Delta EIRR)^{-t}=0\ (t=0,1,2,\cdots,n)$$

式中：ΔEIRR——差额投资经济内部收益率；

$(B-C)_2$——投资大的方案年净效益流量；

$(B-C)_1$——投资小的方案年净效益流量。

当 $\Delta FIRR>i_c$(财务基准收益率或要求达到的收益率)，或 $AEIRR>i_s$(社会折现率)时，以投资大的方案为优，反之，则以投资小的方案为优。

2)现值比较法

(1)净现值法

在不考虑非经济因素的情况下，目标决策简化为同等风险水平下盈利的最大化，即分别计算各方案的净现值进行比较，以净现值大的方案为优方案(或计算两方案的差额净现值 $\Delta NPV_{I-II}(i_c)$，当 $\Delta NPV_{I-II}(i_c)\geqslant 0$ 时，投资大的 I 方案较优，反之，投资小的 II 方案较优)。

$$NPV(i_c)=\sum(CI-CO)_t(P/F,i,t)\qquad(t=0,1,2,\cdots,n)$$

$$\Delta NPV_{I-II}(i)=\sum[(CI-CO)_I-(CI-CO)_{II}]_t(P/F,i,t)\ (t=0,1,2,\cdots,n)$$

(2)费用现值比较法

效益相同或效益基本相同，又难于具体估算效益的方案(在对某一局部方案进行比较时，通常是达到相同目的的不同方案，效益视为相同)进行比较时，可采用费用现值(PC)比较法。

在用费用现值进行方案比较时，可采用相同部分(费用及其发生的时间均相同)不参与比较的原则，只计算各方案相对效果，不反映某方案的绝对经济效果；必须在相同的比较时间内对各方案进行比较，否则，将会得出错误的结论。

当服务年限相同的投资方案进行比较时，可以直接用现值分析法比较。

当两方案服务年限不同时，可采用研究期法进行比较。确定研究期有两种方法：①不考虑服务年限较短的方案在寿命终了后的未来事件及其经济效果，研究期间即为寿命较短方案的服务年限；②需考虑服务年限较短的方案在寿命终了后可以预见到的接替工程项目，以弥补国民经济对产品的需要，对那些接替工程的投资、成本等均应与方案一并考虑，研究期为两方案寿命的最小公倍数，这种方法同样可以用于净现值法。

3)年值比较法

所谓年值比较法就是按行业基准收益率或业主要求达到的收益率 i_c，(财务分析时)或社会折现率 i_s(国民经济效益分析时)，将各方案经济寿命期内的收益和费用折算成一个等额序列年值，通过比较方案的年值选择最优方案。根据应用的条件不同，可分为年值比较法与年费用比较法。

(1)年值比较法

年值(AW)的表达式为：

$$AW=\sum[(CI-CO)_t(P/F,i,t)](A/P,i,n)\ (t=0,1,2,\cdots,n)$$

(2)年费用比较法

若两方案效益相同或基本相同，但又难于估算时，例如，在生产过程中某一环节采用两种以上的不同设备都可以满足生产需要时，对这几种设备的选优就属于这种情况，这时可采用年费用法进行方案比较。年费用(AC)较低的方案为较优方案。

$$AC = PC(A/P, i, n)$$

两方案服务年限不同,仍可用年值法或年费用法进行方案比较。

年费用比较结论与费用现值比较结论一致。

4)最低价格法

对产品产量(服务)不同,产品价格(服务)收费标准又难以确定的比较方案,当其产品为单一产品或能折合为单一产品时,可采用最低价格(最低收费标准)法,分别计算各比较方案净现值等于零时的产品价格并进行比较,以产品价格较低的方案为优。

5)效益/费用分析法

用现值比较法和年值比较法进行设计方案比较时,所有现金的支出与收入都要按所要求的折现率 i 折算为现值进行代数相加;而在效益/费用分析法中,效益与费用是分别计算的,当设计方案所提供的效益超过等值费用,即效益/费用大于1,则这个方案在经济上是可以接受的,否则在经济上是不可取的。其标准就是效益现值(或当量年值)必须大于或等于费用现值(或当量年费用)。

这种方法一般用于评价公用事业设计方案的经济效果。这里的效益不一定是项目承办者能得到的收益,可以是承办者收益与社会效益之和。

6. 例题

1)有关评价指标计算举例

(1)投资回收期

投资回收期也称返本期,是反映投资回收能力的重要指标,分为静态投资回收期和动态投资回收期。

①静态投资回收期

静态投资回收期是在不考虑资金时间价值的条件下,以方案的净收益回收其总投资(包括建设投资和流动资金)所需要的时间。投资回收期可以自项目建设开始年算起,也可以自项目投产年开始算起,但应予注明。自建设开始年算起,投资回收期 P_t(以年表示)的计算公式如下:

$$\sum_{t=0}^{P_t}(CI - CO)_t = 0$$

式中: P_t——静态投资回收期;

$(CI - CO)_t$——第 t 年净现金流量。

静态投资回收期可借助现金流量表,根据净现金流量来计算。其具体计算又分以下两种情况:

当项目建成投产后各年的净收益(即净现金流量)均相同时,静态投资回收期的计算公式如下:

$$P_t = \frac{I}{A}$$

式中:I——总投资;

A——每年的净收益。

【例1】 某建设项目估计总投资2800万元,项目建成后各年净收益为320万元,则该项目的静态投资回收期为:

$$P_t = \frac{2800}{320} = 8.75(年)$$

当项目建成投产后各年的净收益不相同时，静态投资回收期可根据累计净现金流量求得，也就是在现金流量表中累计净现金流量由负值转向正值之间的年份。其计算公式为：

$$P_t = (\text{累计净现金流量开始出现正值的年份数} - 1) + \frac{\text{上一年累计净现金流量的绝对值}}{\text{出现正值年份的净现金流量}}$$

【例2】 某项目财务现金流量表的数据如表1-1所示，计算该项目的静态投资回收期。

解：根据公式可得：

$$P_t = (6 - 1) + \frac{|-200|}{500} = 5.4$$

某项目财务现金流量表 表1-1

计算期	0	1	2	3	4	5	6	7	8
现金流入	—	—	—	800	1200	1200	1200	1200	1200
现金流出	—	600	900	500	700	700	700	700	700
净现金流量	—	-600	-900	300	500	500	500	500	500
累计净现金流量	—	-600	-1500	-1200	-700	-200	300	800	1300

将计算出的静态投资回收期 P_t 与所确定的基准投资回收期 P_c 进行比较。若 $P_t \leqslant P_c$，表明项目投资能在规定的时间内收回，则方案可以考虑接受；若 $P_t > P_c$，则方案是不可行的。

②动态投资回收期

动态投资回收期是把投资项目各年的净现金流量按基准收益率折成现值之后，再来推算投资回收期，这是它与静态投资回收期的根本区别。动态投资回收期就是累计现值等于零时的年份。其计算表达式为：

$$\sum_{t=0}^{P'_t} (\mathrm{CI} - \mathrm{CO})_t (1 + i_c)^{-t} = 0$$

式中：P_t'——动态投资回收期；

i_c——基准收益率。

在实际应用中根据项目的现金流量表中的净现金流量现值，用下列近似公式计算：

$$P'_t = (\text{累计净现金流量开始出现正值的年份数} - 1) + \frac{\text{上一年累计净现金流量的绝对值}}{\text{出现正值年份的净现金流量}}$$

【例3】 数据与例1相同，某项目财务现金流量见表1-2，已知基准投资收益率 $i_c = 8\%$。试计算该项目的动态投资回收期。

某项目财务现金流量表（单位：万元） 表1-2

计算期	0	1	2	3	4	5	6	7	8
净现金流量	—	-600	-900	300	500	500	500	500	500
净现金流量现值	—	-555.54	-771.57	238.14	367.50	340.3	315.15	291.75	270.15
累计净现金流量	—	-555.54	-1327.11	-1088.97	-721.47	-381.17	-66.07	225.68	495.83

解：根据例1基本数据，分别求出净现金流量现值和累计净现金流量就可以得出表1-2，根据动态投资回收期计算公式，可以得到：

$$P'_t = (7 - 1) + \frac{|-66.07|}{291.75} = 6.23(\text{年})$$

若 $P_t' < P_c$（基准投资回收期）时，说明项目或方案能在要求的时间内收回投资，是可行的；若 $P_t' > P_c$ 时，则项目或方案不可行，应予拒绝。

按静态分析计算的投资回收期较短，决策者可能认为经济效果尚可以接受。但若考虑时间因素，用折现法计算出的动态投资回收期，要比用传统方法计算出的静态投资回收期长些，该方案未必能被接受。

在实际应用中，动态回收期由于与其他动态盈利性指标相近，若给出的利率 i_c 恰好等于财务内部收益率 FIRR 时，此时的动态投资回收期就等于项目(或方案)寿命周期，即 $P_t' = n$。一般情况下，$P_t' < n$，则必有 $i_c <$ FIRR。故动态投资回收期法与 FIRR 法在方案评价方面是等价的。

投资回收期指标容易理解，计算也比较简便；项目投资回收期在一定程度上显示了资本的周转速度。显然，资本周转速度愈快，回收期愈短，风险愈小，盈利愈多。对于那些技术上更新迅速的项目，或资金相当短缺的项目，或未来的情况很难预测而投资者又特别关心资金补偿的项目，采用投资回收期评价特别有实用意义。但不足的是投资回收期没有全面地考虑投资方案整个计算期内现金流量，即：只考虑回收之前的效果，不能反映投资回收之后的情况，故无法准确衡量方案在整个计算期内的经济效果。所以，投资回收期作为方案选择和项目排队的评价准则是不可靠的，它只能作为辅助评价指标，或与其他评价指标结合应用。

(2)净现值和内部收益率

这里我们以企业的财务净现值和财务内部收益率计算举例。

①财务净现值(FNPV——Financial Net Present Value)

是反映投资方案在计算期内获利能力的动态评价指标。投资方案的财务净现值是指用一个预定的基准收益率(或设定的折现率)i_c，分别把整个计算期间内各年所发生的净现金流量都折现到投资方案开始实施时的现值之和。财务净现值 FNPV 计算公式为：

$$\mathrm{FNPV} = \sum_{t=0}^{n} (\mathrm{CI} - \mathrm{CO})_t (1 + i_c)^{-t}$$

式中：FNPV——财务净现值；

$(\mathrm{CI} - \mathrm{CO})_t$——第 t 年的净现金流量(应注意“+”、“-”号)；

i_c——基准收益率；

n——方案计算期。

财务净现值(FNPV)是评价项目盈利能力的绝对指标。当 FNPV≥0 时，说明该方案经济上可行；当 FNPV <0 时，说明该方案不可行。

财务净现值(FNPV)指标考虑了资金的时间价值，并全面考虑了项目在整个计算期内的经济状况；经济意义明确直观，能够直接以货币额表示项目的盈利水平；判断直观。但不足之处是必须首先确定一个符合经济现实的基准收益率，而基准收益率的确定往往是比较困难的；而且在互斥方案评价时，财务净现值必须慎重考虑互斥方案的寿命，如果互斥方案寿命不等，必须构造一个相同的分析期限，才能进行各个方案之间的比选；同样，财务净现值也不能真正反映项目投资中单位投资的使用效率。可以直接应用于寿命期相等的互斥方案的比较。

②财务内部收益率(FIRR——Financial lnternal Rate oF Return)

对具有常规现金流量(即在计算期内，开始时有支出而后才有收益；且方案的净现金流量序列的符号只改变一次的现金流量)的投资方案，其财务净现值的大小与折现率的高低有直接的关系。即财务净现值是折现率的函数，其表达式如下：

$$\mathrm{FNPV}(i) = \sum_{t=0}^{n} (\mathrm{CI} - \mathrm{CO})_t (1 + i_c)^{-t}$$

工程经济中常规投资项目的财务净现值函数曲线在其定义域($-1 < i < +\infty$)内，随着折现率的逐渐增大，财务净现值由大变小，由正变负，按照财务净现值的评价准则，只要 FNPV$(i) \geq 0$，方案或项目就可接受，但由于 FNPV(i)是 i 的递减函数，故折现率 i 定得越高，方案被

接受的可能越小。很明显，i 可以大到使 FNPV(i) = 0，这时 FNPV(i) 曲线与横轴相交，i 达到了其临界值 i^*，可以说 i^* 是财务净现值评价准则的一个分水岭，将 i^* 称为财务内部收益率(FIRR——Financial lnternal Rate oF Return)。其实质就是使投资方案在计算期内各年净现金流量的现值累计等于零时的折现率。其数学表达式为：

$$\text{FNPV(FIRR)} = \sum_{t=0}^{n}(\text{CI}-\text{CO})_t(1+i_c)^{-t}$$

式中：FIRR——财务内部收益率。

财务内部收益率是一个未知的折现率，由上式可知，求方程式中的折现率需解高次方程，不易求解。在实际工作中，一般通过计算机计算，手算时可采用试算法确定财务内部收益率 FIRR。

财务内部收益率计算出来后，与基准收益率进行比较。若 FIRR $\geq i_c$，则方案在经济上可以接受；若 FIRR $< i_c$，则方案在经济上应予拒绝。

财务内部收益率(FIRR)指标考虑了资金的时间价值以及项目在整个计算期内的经济状况；而且避免了像财务净现值之类的指标那样须事先确定基准收益率这个难题，而只需要知道基准收益率的大致范围即可。但不足的是财务内部收益率计算比较麻烦；对于具有非常规现金流量的项目来讲，其财务内部收益率在某些情况下甚至不存在或存在多个内部收益率。

对于常规现金流量模型的独立方案的评价，应用 FIRR 评价与应用 FNPV 评价其结论是一致的。

【例 1】 改造 30 公里旧路，期初一次投资 8600 万元，改造后预计每年净收入 1800 万元，使用 15 年，届时无残值。

①期望收益率为 14%，用净现值法评价该项目(判据：FNPV≥0)。

②基准收益率 16%，即 $r_c = 16\%$，请用内部收益率法评价该项目(判据：FIRR $\geq r_c$)。

解：①根据题意，做出该投资活动的现金流量图，如图 1-1。流出已经是现值，流入是一个标准的等额支付，起等额年金 $A = 1800$ 万元，计算期 $n = 15$ 年。

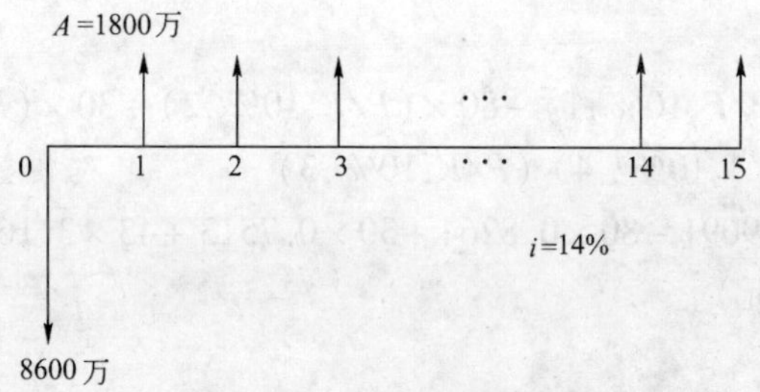

图 1-1 现金流量图

$$\begin{aligned}\text{NPV} &= -8600 + A(P/A, i, n)\\ &= -8600 + 1800(P/A, 14\%, 15)\\ &= -8600 + 1800[1-(1+0.14)^{-15}]/0.14\\ &= 2455.91(\text{万元})\end{aligned}$$

由于 NPV = 2455.91 万元 > 0，项目在经济上可行。

②取不同 i 值代入 NPV(i) = $-8600 + A(P/A, i, n)$ 中进行试算，可以找到：

当 $i_1 = 16\%$ 时，$\text{NPV}(16\%) = -8600 + A(P/A, i, n)$

$$= -8600 + 1800(P/A, 16\%, 15)$$

$$=1435.83(\text{万元})$$

当 $i_2=20\%$ 时，$NPV(20\%)=-8600+A(P/A,i,n)$

$$=-184.15(\text{万元})$$

根据 IRR 近似计算公式可以得到：

$$\begin{aligned} IRR &= i_1+(i_2-i_1)\,NPV(16\%)/[NPV(16\%)-NPV(20\%)] \\ &=0.16+(0.20-0.16)\times 1435.83/[1435.83-(-184.15)] \\ &=0.1955=19.55\% \end{aligned}$$

$IRR=19.55\%>r_c=16\%$，该项目在经济上可行。

小结

线性内插法计算内部收益率的步骤：

第一步：粗略估计 IRR 的值。如：为了减少试算次数，可先令 $i=0$，用净现金流量的和与投资总额之比来初略估算 IRR。

第二步：分别选择 $i_1,i_2(i_1<i_2)$，计算对应的 NPV_1,NPV_2，使得 $NPV_1>0$，$NPV_2<0$。若首次选择的 i_1,i_2 计算得到的 NPV_1,NPV_2 不满足要求，则重新选取。

第三步：用线性插入法计算 IRR 的近似值，公式为：

$$IRR=i_1+(i_2-i_1)\,NPV_1/(NPV_1-NPV_2)$$

由于上式 IRR 计算误差的大小与 (i_2-i_1) 的大小有关，且 i_2 与 i_1 相差越大，误差也越大，为了控制误差，i_2 与 i_1 之差 (i_2-i_1) 一般不应该超过 5%。

【例 2】 某方案的现金流量如表 1-3 所示，基准收益率为 10%，试计算：①净现值；②内部收益率。

某方案的现金流量 表 1-3

年　份	1	2	3	4	5	6	7
现金流量(万元)	-60	-80	30	43	43	43	43

解：①净现值

$$\begin{aligned} NPV &= -60\times(P/F,10\%,1)-80\times(P/F,10\%,2)+30\times(P/F,10\%,3)+ \\ &\quad 43\times(P/A,10\%,4)(P/F,10\%,3) \\ &=-60\times 0.9091-80\times 0.8264+30\times 0.7513+43\times 3.1699\times 0.7513 \\ &=4.29(\text{万元}) \end{aligned}$$

②内部收益率

$i_1=10\%$ 时，$NPV_1=4.29$ 万元

$$\begin{aligned} i_2=12\%\text{时}，NPV_2 &= -60\times(P/F,12\%,1)-80\times(P/F,12\%,2)+30\times(P/F,12\%,3)+ \\ &\quad 43\times(P/A,12\%,4)\times(P/F,12\%,3) \\ &=-60\times 0.8929-80\times 0.7972+30\times 0.7118+43\times 3.0373\times 0.7118 \\ &=-3.03(\text{万元}) \end{aligned}$$

所以内部收益率 IRR 为：

$$\begin{aligned} IRR &= i_1+(i_2-i_1)\,NPV_1/(NPV_1-NPV_2) \\ &=10\%+(12\%-10\%)\times 4.29/(4.29+3.03) \\ &=11.17\% \end{aligned}$$

2）单项选择题（每题的备选项中，只有 1 个最符合题意）

(1)如下关于投资回收期的说法正确的是(D)。

A. 投资回收期全面地考虑了投资方案整个计算期内的现金流量

B. 投资回收期的判断标准是基准投资回收期,其取值可根据现金流量表

C. 投资回收期越短,说明项目的盈利能力和抗风险能力较差

D. 投资回收期只能作为投资方案选择的辅助评价指标

(2)基准收益率与 NPV 的关系表现为(B)。

A. 基准收益率减小,NPV 相应减小　　B. 基准收益率减小,NPV 相应增大

C. 基准收益率的大小与 NPV 无关　　D. 基准收益率增大,NPV 相应增大

(3)在方案经济评价中,项目内部收益率满足(C)时,方案在经济上可以接受。

A. $IRR>0$　　B. $IRR<0$

C. $IRR \geqslant i_c$　　D. $IRR<i_c$

(4)已知两个投资方案,投资成本相等,下面结论正确的是(C)。

A. $NPV_1>NPV_2$,则 $IRR_1=IRR_2$　　B. $NPV_1>FNPV_2$,则 $IRR_1>IRR_2$

C. $NPV_1>NPV_2 \geqslant 0$,则方案 1 优于方案 2　　D. $NPV_1>NPV_2 \geqslant 0$,则方案 2 优于方案 1

(5)对独立方案的评价,用内部收益率和净现值评价所得结论(D)。

A. 一致　　B. 不完全一致

C. 不一致　　D. 无法判断

(6)保持其他因素不变,基准收益率降低时,则下列评价指标值会增大的是(A)。

A. 净现值　　B. 内部收益率

C. 投资收益率　　D. 静态投资回收期

(7)某投资方案,当基准收益率取 12% 时,NPV = −18 万元,则该项目的内部收益率 IRR 值的范围是(B)。

A. 大于 12%　　B. 小于 12%

C. 等于 12%　　D. 无从判断

(8)动态投资回收期与静态投资回收期相比,一般情况下(C)。

A. 二者时间一样长　　B. 后者比前者时间长

C. 前者比后者时间长　　D. 前三种情况都有可能出现

(9)具有常规现金流量的投资方案,当基准收益率为 10% 时,财务净现值为 100 万元,当基准收益率为 12% 时,该项目的财务净现值(A)。

A. 小于 100 万元　　B. 等于 100 万元

C. 大于 100 万元　　D. 以上都不正确

(10)下面关于财务净现值的叙述,不正确的是(D)。

A. 必须首先确定一个符合经济现实的基准收益效率,而该值的确定往往是比较困难的

B. 互斥方案寿命不等,必须构造一个相同的分析期限

C. 不能真正反映项目投资中单位投资的使用效率

D. 经济意义不明确直观,不能够直接以货币额表示净收益

(11)某建设项目有 A,B,C 三个方案,寿命期均为 15 年,按投资由小到大排序为 C < B < A,方案 B 对方案 C 的差额内部收益率是 14.8%,方案 A 对方案 B 的差额内部收益率是 11.5%,基准收益率为 12%,则最佳方案是(B)。

A. A 方案　　　　　　　　B. B 方案

C. C 方案　　　　　　　　D. 无法确定

3)多项选择题(每题的备选项中,只有 2 个或 2 个以上符合题意,至少有 1 个错项)

(1)进行投资方案经济比较时应遵守的原则有(ABC)。

A. 重大基础设施和公益性项目的方案比较,原则上应通过国民经济评价和综合评价来确定

B. 方案比较应遵循效益与费用计算口径对应一致的原则

C. 方案比较应注意各个方案间的可比性

D. 坚持以静态分析为主的原则

E. 多种方案同时使用的原则

(2)在对投资方案进行财务评价时,常用动态指标有(AE)。

A. 财务内部收益率　　　　B. 利息备付率

C. 偿债备付率　　　　D. 投资收益率

E. 财务净现值率

(3)某项目的内部收益率等于行业基准收益率,则有(AB)。

A. $IRR = i_c$　　　　B. $NPV(i_c) = 0$

C. $NPV(i_c) > 0$　　　　D. $NPV(i_c) < 0$

E. 动态投资回收期 = 方案计算期

(4)在对投资方案进行经济评价时,判别方案可行的选项有(ABD)。

A. 投资回收期 > 基准投资回收期　　　　B. 净现值 ≥ 0

C. 总投资收益率 > 0　　　　D. 内部收益率 ≥ 基准收益率

E. 内部收益率 < 基准收益率

(5)下列关于建设项目的净现值,表述正确的有(ACE)。

A. 净现值考虑了项目现金流量在各年的时间排序情况

B. 净现值是项目整个计算期间各年净现金流量之和

C. 对于独立方案的评价,NPV 与 IRR 的评价结论一致

D. 随着基准折现率的逐渐增大,净现值由小变大,由负变正

E. 净现值是评价项目盈利能力的绝对指标

(6)内部收益率是指方案满足(BCD)时的收益率。

A. 净现值大于零

B. 净现值等于零

C. 收入现值等于成本现值

D. 各年净现金流量现值累计值等于零

E. 收入等于成本

(7)可以用于进行寿命期不同的互斥方案比较和选择的方法有(CDE)。

A. 差额内部收益率　　　　B. 净现值法

C. 年值法　　　　D. 最小公倍数法

E. 最短计算期法

4)判断题

(1)在进行投资方案比较时,投资回收期最短的方案就是最优方案。　(C)

(2)NPV 越大的投资方案，其投资回收期越短。 (C)

(3)如果某投资方案在某基准收益率下 NPV = 0，表明此时该投资方案刚好保本。 (C)

(四)考点4：不确定性分析

1. 概念

不确定性是指人们对事物未来的状态不能确定地知道或掌握，也就是说人们总是对事物未来的发展与变化缺乏信息与充分的控制力。不确定性产生的原因是多种多样的，既有系统外部环境变化的原因，也有系统自身变化的原因，更有人的思想和行为变化的原因。工程项目投资决策是面对未来，项目评价所采用的数据大部分来自估算和预测，有一定程度的不确定性。为了尽量避免投资决策失误，有必要进行不确定性分析。

所谓项目的不确定性分析，就是考查建设投资、经营成本、产品售价、销售量、项目寿命计算期等因素变化时，对项目经济评价指标所产生的影响。这种影响越强烈，表明所评价的项目方案对某个或某些因素越敏感。对于这些敏感因素，要求项目决策者和投资者予以充分重视和考虑。

2. 不确定性分析的种类

主要包括盈亏平衡分析、敏感性分析及概率分析。盈亏平衡分析只适用于财务评价，敏感性分析和概率分析可同时用于财务评价和国民经济评价。

1)盈亏平衡分析(重点注意)

盈亏平衡分析实际上是一种特殊形式的临界点分析。进行这种分析时，将产量或者销售量作为不确定因素，求取盈亏平衡时临界点所对应产量或者销售量。盈亏平衡点越低，表示项目适应市场变化的能力越强，抗风险能力也越强。盈亏平衡点常用生产能力利用率或者产量表示。

用生产能力利用率表示的盈亏平衡点(BEP)为：

BEP(%) = 年固定总成本/(年销售收入 − 年可变成本 − 年售税金及附加 − 年增值税) × 100%

用产量表示的盈亏平衡点 BEP(产量)为：

BEP(产量) = 年固定总成本/(单位产品销售价格 − 单位产品可变成本 − 单位产品销售税金及附加 − 单位产品增值税)

两者之间的换算关系为：

BEP(产量) = BEP(%) × 设计生产能力

盈亏平衡点应按项目投产后的正常年份计算，而不能按计算期内的平均值计算。项目评价中常使用盈亏分析图表示分析结果。

【例题】 某设计方案年产量为12万吨，已知每吨产品的销售价格为675元，每吨产品缴付的销售税金(含增值税)为165元，单位可变成本为250元，年总固定成本费用为1500万元，试求产量的盈亏平衡点、盈亏平衡点的生产能力利用率。

解： BEP(产量) = 1500 ÷ (675 − 250 − 165) = 5.77(万吨)

BEP(生产能力利用率) = [1500 ÷ (8100 − 3000 − 1980)] × 100% = 48.08%

2)敏感性分析

敏感性分析是通过研究项目主要不确定因素发生变化时，项目经济效果指标发生的相应变化，找出项目的敏感因素，确定其敏感程度，并分析该因素达到临界值时项目的承受能力。

(1)敏感性分析的目的

①确定不确定性因素在什么范围内变化，方案的经济效果最好，在什么范围内变化效果最

差,以便对不确定性因素实施控制;

②区分敏感性大的方案和敏感性小的方案,以便选出敏感性小的,即风险小的方案;

③找出敏感性强的因素,向决策者提出是否需要进一步搜集资料,进行研究,以提高经济分析的可靠性。

(2)敏感性分析的步骤

一般进行敏感性分析可按以下步骤进行:

①选定需要分析的不确定因素。这些因素主要有:产品产量(生产负荷)、产品售价、主要资源价格(原材料、燃料或动力等)、可变成本、投资、汇率等。

②确定进行敏感性分析的经济评价指标。衡量项目经济效果的指标较多,敏感性分析的工作量较大,一般不可能对每种指标都进行分析,而只对几个重要的指标进行分析,如财务净现值、财务内部收益率、投资回收期等。由于敏感性分析是在确定性经济评价的基础上进行的,故选作敏感性分析的指标应与经济评价所采用的指标相一致,其中最主要的指标是财务内部收益率。

③计算因不确定因素变动引起的评价指标的变动值。一般就各选定的不确定因素,设若干级变动幅度(通常用变化率表示)。然后计算与每级变动相应的经济评价指标值,建立一一对应的数量关系,并用敏感性分析图或敏感性分析表的形式表示。

④计算敏感度系数并对敏感因素进行排序。所谓敏感因素是指该不确定因素的数值有较小的变动就能使项目经济评价指标出现较显著改变的因素。敏感度系数的计算公式为:

$$E = \Delta A/\Delta F$$

式中:E——评价指标 A 对于不确定因素 F 的敏感度系数;

ΔA——不确定因素 F 发生 ΔF 变化率时,评价指标 A 的相应变化率;

ΔF——不确定因素 F 的变化率。

⑤计算变动因素的临界点。临界点是指项目允许不确定因素向不利方向变化的极限值。超过极限,项目的效益指标将不可行。例如当建设投资上升到某值时,财务内部收益率将刚好等于基准收益率,此点称为建设投资上升的临界点。临界点可用临界点百分比或者临界值分别表示某一变量的变化达到一定的百分比或者一定数值时,项目的评价指标将从可行转变为不可行。临界点可用专用软件计算,也可由敏感性分析图直接求得近似值。

根据项目经济目标,如经济净现值或经济内部收益率等所做的敏感性分析叫经济敏感性分析。而根据项目财务目标所作的敏感性分析叫做财务敏感性分析。

体据每次所考虑的变动因素数目的不同,敏感性分析又分单因素敏感性分析和多因素敏感性分析。

(3)单因素敏感性分析

每次只考虑一个因素的变动,而让其他因素保持不变时所进行的敏感性分析,叫做单因素敏感性分析。

3)概率分析

概率分析是通过研究各种不确定因素发生不同幅度变动的概率分布及其对方案经济效果的影响;对方案的净现金流量及经济效果指标作出某种概率描述,从而对方案的风险情况作出比较准确的判断。例如,我们可以用经济效果指标 FNPV≤0 发生的概率来度量项目将承担的风险。

3. 例题

1)单项选择题(每题的备选项中,只有1个最符合题意)

(1)在常用的不确定性分析方法中,可同时用于财务评价和国民经济评价的是(B)。

A. 概率分析　　B. 敏感性分析

C. 盈亏平衡分析　　D. 价值分析

(2)生产性建设项目的预计产品市场需求量比盈亏平衡点越大,则项目(A)。

A. 安全性越大　　B. 抗风险能力越小

C. 安全性越小　　D. 发生亏损的机会越大

(3)某建设项目年设计生产能力为60000件,每件产品销售价格为3600元,年固定成本为5600万元,每件产品变动成本为1600元,销售税金及附加为180元/件,则盈亏平衡点产量为(C)。

A. 15600件　　B. 16400件

C. 30800件　　D. 32000件

(4)某建设项目的设计生产能力为10000件,在两个可实施方案A和B中,A方案的盈亏平衡点产量为6000件,B方案为8000件,则下述关于风险的说法中正确的是(B)。

A. A方案大于B方案　　B. A方案小于B方案

C. A方案与B方案相同　　D. 无法判定

(5)某企业的经营正处于盈亏平衡状态,则下列说法错误的有(C)。

A. 此时销售额正处于销售收入线与总成本线的交点

B. 此时企业既没有利润也不发生亏损

C. 在此基础上,增加销售量,销售收入不一定大于总成本,要视具体情况而定

D. 在此基础上,增加销售量,销售收入减去总成本线的距离为利润值

(6)投资项目评价中的敏感性分析,就是在确定性分析的基础上,通过进一步分析,预测项目主要不确定因素的变化对(C)的影响。

A. 项目产品价格　　B. 项目产品产量

C. 项目评价指标　　D. 项目技术指标

(7)表1-4所示为某投资方案可影响因素变化对财务净现值(FNPV)的影响,其最敏感的因素是(C)。

A. 投资额　　B. 产品价格

C. 产品产量　　D. 经营成本

单因素变化对财务净现值的影响(单位:万元)　　表1-4

变化幅度 / 项目	0	10%
投资额	100	-10
产品价格	100	28
产品产量	100	30
经营成本	100	15

(8)敏感度系数越大,表示评价指标对不确定因素(B)。

A. 越不敏感　　B. 越敏感

C. 没有影响　　D. 以上说法都不正确

2）多项选择题（每题的备选项中，只有2个或2个以上符合题意，至少有1个错项）

（1）不确定性分析的方法主要有（BDE）。

A. 回归分析　　B. 盈亏平衡分析

C. 风险分析　　D. 敏感性分析

E. 概率分析

（2）关于盈亏平衡分析的论述，下列说法正确的有（ABD）。

A. 盈亏平衡点是按项目投产后的正常年份计算的

B. 盈亏平衡点产量越小，抗风险能力就越强

C. 盈亏平衡点产量越大，抗风险能力就越强

D. 当实际产量小于盈亏平衡点产量时，企业亏损

E. 盈亏平衡的含义是指企业的固定成本等于变动成本

（3）项目盈亏平衡点的表达形式有多种，可以采取的有（ABCD）。

A. 单位产品售价　　B. 单位产品的可变成本

C. 生产能力利用率　　D. 实物产量

E. 年总固定成本的相对量

（4）对于一般投资项目来说，通常可作为考察项目敏感性分析的不确定因素有（ABDE）。

A. 项目投资总额　　B. 项目评价指标

C. 项目技术指标　　D. 项目寿命年限

E. 项目产品价格

（5）敏感性分析的一般步骤为（ABCE）。

A. 确定评价指标，选择需要分析的不确定性因素

B. 计算各影响因素对评价指标的影响程度

C. 确定敏感性因素

D. 计算敏感度系数和临界点

E. 通过分析和计算敏感因素的影响程度，确定项目可能存在的风险的大小及风险影响因素

3）判断题

（1）盈亏平衡分析能说明方案实施的风险大小及投资项目承担风险的能力。（T）

（2）盈亏平衡分析既可以用于财务评价，也可以用于国民经济评价。（C）

（五）考点5：价值工程

1. 价值工程的含义

价值工程是通过各相关领域的协作，对所研究对象的功能与成本进行系统分析，不断创新，旨在提高所研究对象价值的思想方法和管理技术。这里“价值”定义可以用公式表示：

$$V = F/C$$

式中：V——价值（value）；

F——功能（function）；

C——成本或费用（cost）。

价值工程的定义包括以下几方面的含义：

（1）价值工程的性质属于一种“思想方法和管理技术”；

(2)价值工程的核心内容是对“功能与成本进行系统分析”和“不断创新”；

(3)价值工程的目的旨在提高产品的“价值”,若把价值的定义结合起来,便应理解为旨在提高功能对成本的比值；

(4)价值工程通常是由多个领域协作而开展的活动。

2. 价值工程的特点

(1)以使用者的功能需求为出发点；

(2)对所研究对象进行功能分析、并系统研究功能与成本之间的关系；

(3)致力于提高价值的创造性活动；

(4)有组织、有计划、有步骤地开展工作。

3. 价值工程的一般工作程序

开展价值工程活动一般分为4个阶段、12个步骤,如表1-5所示。

价值工程的一般工作程序 表1-5

阶 段	步 骤	应回答的问题
准备阶段	1. 对象选择 2. 组成价值工程小组 3. 制订工作计划	VE的对象是什么？
分析阶段	4. 搜集整理信息资料 5. 功能系统分析 6. 功能评价	该对象的用途是什么？ 成本和价值是多少？
创新阶段	7. 方案创新 8. 方案评价 9. 提案编写	是否有替代方案？ 新方案的成本是多少？能否满足要求？
实施阶段	10. 审批 11. 实施与检查 12. 成果鉴定	

4. 价值工程的主要工作内容

1)对象选择

(1)对象选择的一般原则

选择价值工程对象时一般应遵循以下两条原则:一是优先考虑企业生产经营上迫切要求改进的主要产品,或是对国计民生有重大影响的项目;二是对企业经济效益影响大的产品(或项目)。

(2)对象选择的方法

对象选择的方法有很多,每种方法有各自的优点和适应性。

①经验分析法。亦称因素分析法,是一种定性分析的方法,即凭借开展价值工程活动人员的经验和智慧,根据对象选择应考虑的因素,通过定性分析来选择对象的方法。其优点是能综合、全面地考虑问题且简便易行,不需特殊训练,特别是在时间紧迫或信息资料不充分的情况下,利用此法较为方便。缺点是缺乏定量依据,分析质量受工作人员的工作态度和知识经验水平的影响较大。若本方法与其他定量方法相结合使用往往能取得较好效果。

②百分比法。即按某种费用或资源在不同项目中所占的比重大小来选择价值工程对象的方法。

③ABC 分析法。运用数理统计分析原理，按局部成本在总成本中比重的大小选择价值工程对象。一般来说，企业产品的成本往往集中在少数关键部件上。在选择对象产品或部件时，为便于抓重点，把产品（或部件）种类按成本大小顺序划分 ABC 三类。部件数量占 10% ~ 15%、成本占 70% ~80% 的为 A 类；部件数量占 15% ~20%、成本占 10% ~ 20% 的为 B 类；部件数量占 60% ~80%、成本占 5% ~10% 的为 C 类。

ABC 分析法的优点在于简单易行，能抓住成本中的主要矛盾。但企业在生产多品种、各品种之间不一定表现出均匀分布规律时须用其他方法。该方法的缺点是有时部件虽属 C 类，但功能却较重要，有时因成本在部件或要素项目之间分配不合理，则会发生遗漏或顺序推后而未被选上。这种情况可通过结合运用其他分析方法来避免。

④强制确定法。该方法在选择价值工程对象、功能评价和方案评价中都可以使用。

在对象选择中，通过对每个部件与其他各部件的功能重要程度进行逐一对比打分，相对重要的得 1 分，不重要的得 0 分，即 01 法。以各部件占总分的比例确定功能评价系数，根据功能评价系数和成本系数确定价值系数。

部件功能系数 F_i = 某部件的功能得分/全部部件功能得分

部件成本系数 C_i = 该部件目前成本/全部部件成本

部件价值系数 V_i = 部件功能评价系数/部件成本系数

功能的价值系数不外乎以下几种结果：

$V_i = 1$。表示功能评价值等于功能现实成本。这表明评价对象的功能现实成本与实现功能所必需的最低成本大致相当，说明评价对象的价值为最佳，一般无需改进。

$V_i < 1$。此时功能现实成本大于功能评价值。表明评价对象的现实成本偏高，而功能要求不高，这时一种可能是由于存在着过剩的功能，另一种可能是功能虽无过剩，但实现功能的条件或方法不佳，以致使实现功能的成本大于功能的实际需要。

$V_i > 1$。说明该部件功能比较重要，但分配的成本较少，即功能现实成本低于功能评价值。应具体分析，可能功能与成本分配已较理想，或者有不必要的功能，或者应该提高成本。

2）信息资料的搜集

不同价值工程对象所需搜集的信息资料内容不尽相同。一般包括市场信息、用户信息、竞争对手信息、设计技术方面的信息、制造及外协方面的信息、经济方面的信息、本企业的基本情况、国家和社会方面的情况等。搜集信息资料的方法通常有：①面谈法，通过直接交谈搜集信息资料；②观察法，通过直接观察 VE 对象搜集信息资料；③书面调查法，将所需资料以问答形式预先归纳为若干问题，然后通过资料问卷的回答来取得信息资料。

3）功能系统分析

功能系统分析步骤如表 1-6。

功能系统分析步骤　　表 1-6

分析步骤	分析目的	分析类别	回答问题
功能定义 ↓ 功能整理 ↓ 功能计量	部件的功能本质 ↓ 功能之间的相互关系 ↓ 必要功能的价值标准	功能单元的定性分析 ↓ 功能相互关系的定性分析 ↓ 单元功能的量化	它的功能是什么 ↓ 它的目的或手段是什么 ↓ 它的功能是多少

功能系统分析是价值工程活动的中心环节。具有明确用户的功能要求、转向对功能的研究和可靠实现必要的功能三个方面的作用。

4)功能评价

(1)功能的分类

任何产品都具有使用价值,即功能,这是存在于产品中的一种本质。根据功能的不同特性,可以先将功能分为以下几类:

①按功能的重要程度分类,产品的功能一般可分为基本功能和辅助功能。基本功能就是要达到这种产品的目的所必不可少的功能,是产品的主要功能。辅助功能是为了更有效地实现基本功能而添加的功能,是次要功能。

②按功能的性质分类,功能可划分为使用功能和美学功能。

③按用户的需求分类,功能可划分为必要功能和不必要功能。必要功能是指用户所要求的功能以及与实现用户所需求功能有关的功能,使用功能、美学功能、基本功能、辅助功能等均为必要功能;不必要功能是不符合用户要求的功能,又包括三类:一是多余功能,二是重复功能,三是过剩功能。因此,价值工程的功能,一般是指必要功能。

④按功能的量化标准分类,产品的功能可分为过剩功能与不足功能。

⑤按总体与局部分类,产品的功能可划分为总体功能和局部功能。

价值工程是通过对产品功能的分析研究,正确、合理地确定产品的必备功能,消除多余的不必要功能,加强不足功能,削弱过剩功能;改进设计,降低产品成本。因此,可以说价值工程是以功能为中心,在可靠地实现必要的功能基础上来考虑降低产品成本的。

(2)提高产品价值的途径

①保持产品的功能不变,降低产品成本,以提高产品的价值。

②在产品成本不变的条件下,提高产品的功能,以提高产品的价值。

③产品成本虽有增加,但功能提高的幅度更大,相应提高产品的价值。

④在不影响产品主要功能的前提下,针对用户的特殊需要,适当降低一些次要功能,大幅度降低产品成本,提高产品价值。

⑤运用新技术,革新产品,既提高功能又降低成本,以提高价值。

(3)功能评价

功能评价包括研究对象的价值评价和成本评价两方面的内容。价值评价着重计算、分析、研究对象的成本与功能间的关系是否协调、平衡,评价功能价值的高低,评定需要改进的具体对象。功能价值的一般计算公式与对象选择时价值的基本计算公式相同,所不同的是功能价值计算所用的成本按功能统计,而不是按部件统计。

$$V_i = F_i/C_i$$

式中:F_i——对象的功能评价值,元;

C_i——对象 i 功能的目前成本,元;

V_i——对象的价值(系数)。

成本评价是计算对象的目前成本和目标成本,分析、测算成本降低期望值,排列改进对象的优先顺序。成本评价的计算公式如下:

$$\Delta C = C - C'$$

式中:C'——对象的目标成本,元;

C——对象的目前成本,元;

ΔC——成本降低期望值,元。

5)方案创新的技术方法

方案创新的方法很多,都强调发挥人的聪明才智,积极地进行思考,设想出技术经济效果更好的新方案。下面为常用的两种方法。

(1)头脑风暴法

头脑风暴法原指精神病人的胡思乱想,后转意为无约无束、自由奔放地思考问题的方法。具体步骤如下:

①组织对本问题有经验的专家召开会议;

②会议鼓励对本问题自由鸣放,相互不指责批判;

③希望提出大量方案;

④结合他人意见提出设想。

(2)哥顿法

哥顿法是会议主持人将拟解决的问题抽象后抛出,与会人员讨论并充分发表看法,适当时机会议主持人再将原问题抛出继续讨论的方法。

6)方案评价与提案编写

方案评价就是从众多的备选方案中选出价值最高的可行方案。方案评价可分为概略评价和详细评价,均包括技术评价、经济评价和社会评价等方面的内容。将这三个方面联系起来进行权衡,则称为综合评价。技术评价是对方案功能的必要性及必要程度和实施的可能性进行分析评价;经济评价是对方案实施的经济效果进行分析评价;社会评价是方案为国家和社会带来影响和后果的分析评价。综合评价又称价值评价,是根据以上三个方面评价内容,对方案价值大小所做的综合评价。

5. 例题

1)单项选择题(每题的备选项中,只有1个最符合题意)

(1)价值工程中所述的"价值"是指(B)。

A. 产品所耗资的社会必要劳动　　B. 功能与获得该功能的全部费用的比值

C. 产品必要的实现程度　　D. 成本与功能的比值

(2)工程项目建设中,价值工程应侧重在(C)阶段开展工作。

A. 招投标　　B. 施工

C. 设计　　D. 竣工验收

(3)价值工程的核心是(C)。

A. 费用分析　　B. 成本分析

C. 功能分析　　D. 价格分析

(4)下面关于价值系数的论述正确的是(D)。

A. 价值系数越大,说明该零件的重要性越大

B. 价值系数越小,说明该零件实现的功能水平越低

C. 价值系数越小,说明该零件的成本费用越高

D. 价值系数的大小,反映了零件单位费用所实现的功能水平的高低

(5)任何产品都具有使用价值,即功能,按功能的重要程度可分类为(D)。

A. 过剩功能和不足功能　　B. 必要功能和不必要功能

C. 使用功能和美学功能　　D. 基本功能和辅助功能

(6)利用功能指数法计算功能价值 V 时，$V_j > 1$ 表示(C)。

A. 评价对象的成本比重大于其功能比重

B. 评价对象的成本比重与其功能比重无关

C. 评价对象的成本比重小于其功能比重

D. 评价对象的成本比重等于其功能比重

(7)对产品部件进行价值分析，就是使每个部件的价值系数尽可能(A)。

A. $=1$　　B. >1

C. <1　　D. $\neq 1$

(8)提高产品价值的最理想途径是(C)。

A. 大幅度提高功能，小幅度提高成本

B. 小幅度降低功能，大幅度降低成本

C. 提高功能的同时降低成本

D. 功能保持不变，提高成本

(9)在价值工程中，评价对象的价值系数 V(D)时，应优先作为改进的对象。

A. 大于 0　　B. 小于 0

C. 大于 1　　D. 小于 1

2)多项选择题(每题的备选项中，只有 2 个或 2 个以上符合题意，至少有 1 个错项)

(1)根据价值工程的基本原理公式 $V = F/C$，提高价值可以采用以下(ABDE)途径。

A. 保持产品功能不变的前提下，降低成本

B. 产品功能略有下降，产品成本大幅度降低

C. 产品功能有较大幅度提高，产品成本也有较大幅度提高

D. 在提高产品功能的同时，降低产品成本

E. 在产品成本不变的条件下，提高产品功能

(2)价值工程研究对象的选择方法有(ACDE)。

A. 因素分析法　　B. 趋势分析法

C. 强制确定法　　D. 百分比分析法

E. 价值指数法

(3)某人购买一块带夜光装置的手表，从功能分析的角度来看，带夜光装置对于手表保证走时准确与黑夜看时间是(CD)。

A. 多余功能　　B. 美学功能

C. 辅助功能　　D. 基本功能

E. 不必要的功能

(4)必要功能是用户要求的功能，(BCD)均为必要功能。

A. 多余功能　　B. 使用功能

C. 基本功能　　D. 辅助功能

E. 重复功能

(5)在下列价值工程的研究对象中，通过设计，进行改进和完善的功能有(DE)。

A. 基本功能　　B. 辅助功能

C. 使用功能　　D. 不足功能

E. 过剩功能

(6)当价值系数 $V<1$ 时,应该采取的措施有(ABCD)。

A. 在功能水平不变的条件下,降低成本 B. 在成本不变的条件下,提高功能水平

C. 去掉成本比重较大的多余功能 D. 补充不足功能,但是成本上升幅度很小

E. 不惜一切代价来提高重要的功能

(7)价值工程的方案创造可采用的方法包括(ABD)。

A. 头脑风暴法 B. 专家检查法

C. 因素分析法 D. 哥顿法

E. ABC 法

(8)在建设工程中运用价值工程时,提高工程价值的途径有(ABDE)。

A. 通过采用新方案,既提高产品功能,又降低成本

B. 通过设计优化,在成本不变的前提下,提高产品功能

C. 施工单位通过严格履行施工合同,提高其社会信誉

D. 在保证建设工程质量和功能的前提下,通过合理的组织管理措施降低成本

E. 适量增加成本,大幅度提高项目功能和适用性

3)判断题

(1)价值工程中的价值是指对象的使用价值,而不是交换价值。 (C)

(2)在运用价值工程方法对某一选定设计方案进行功能评价时,如果价值指数大于 1,可能是存在过剩功能,则评价对象不需改进。 (C)

(3)运用价值工程方法对某一选定设计方案进行功能评价时,如果价值指数大于 1,可能是成本偏低,致使对象功能也偏低,则评价对象需要改进。 (T)

第二部分　工程概预算与竣工决算

一、考试大纲要求

了解:概预算与竣工决算的编制依据,定额的分类、作用和特点。

熟悉:人工、机械台班、材料消耗数量的确定(定额应用),竣工决算报告的组成,概预算与竣工决算的编制程序。

掌握:人工、材料、机械台班单价的组成和计算,概预算与竣工决算的编制内容与方法,建筑安装工程费用的组成和计算。

二、考点分析与例题

(一)考点1:定额的分类、作用和特点

1. 定额的定义及分类

参见公路工程监理培训教材《工程费用监理》P48—52。

2. 定额的特点及作用

参见公路工程监理培训教材《工程费用监理》P48。

(二)考点2:定额的应用

1. 人工定额消耗量指标

(1)基本用工

预算定额的基本用工按综合取定的工程量套用施工定额的劳动定额累加计算。

(2)超运距用工

超运距距离 = 预算定额规定的运距 - 施工定额规定的运距

超运距用工 = $\sum$超运距材料数量 × 时间定额

(3)辅助用工

计算方法与基本用工量的计算方法相同,套用相应的施工定额。

(4)人工幅度差

人工幅度差 = (基本用工 + 超运距用工 + 辅助用工) × 人工幅度差

预算定额用工数 = (基本用工 + 超运距用工 + 辅助用工) × 人工幅度差系数

2. 材料消耗量指标

(1)各种合理损耗是指场内运输损耗和操作损耗。而场外运输损耗和工地仓库保管损耗纳入材料的预算价格之中。

(2)对于周转性材料,《公路工程预算定额》采用多次使用、平均摊销的方法计算,既不考

虑替换,也不考虑回收。

3. 施工机械台班消耗指标

预算定额中的机械台班消耗量指标是根据其施工定额各分项工程的机械台班耗用量,再考虑机械的幅度差来确定。

公路工程预算定额的机械台班消耗量指标,按下述方法确定:

(1)按施工定额的机械台班消耗量乘幅度差系数(其幅度差系数一律取1.05);

(2)按劳动组织配备计算机械台班数量。

(三)考点3:人工单价的组成和计算

1. 人工单价的组成

人工费系指列入概、预算定额的直接从事建筑安装工程施工的生产工人开支的各项费用,内容包括:

(1)基本工资

系指发放生产工人的基本工资、流动施工津贴和生产工人劳动保护费。

生产工人劳动保护费系指按国家有关部门规定标准发放的劳动保护用品的购置费及修理费、徒工服装补贴、防暑降温费和在有碍身体健康环境中施工的保健费用等。

(2)工资性补贴

系指按规定标准发放的物价补贴,煤、燃气补贴,交通补贴,住房补贴,地区津贴等。

(3)生产工人辅助工资

系指生产工人年有效施工天数以外非作业天数的工资,包括开会和执行必要的社会义务时间的工资,职工学习、培训期间的工资,调动工作、探亲、休假期间的工资,因气候影响停工期间的工资,女工哺乳时间的工资,病假在六个月以内的工资及产、婚、丧假期的工资。

(4)职工福利费

系指按国家规定标准计提的职工福利费。

2. 人工单价的计算

人工费以概、预算定额人工工日数乘以每工日人工费计算。

人工费金额在编制概、预算时,是通过表格计算的,具体计算方法如下:

$$人工费 = 定额 \times 工程数量 \times 工资单价$$

式中,定额是指《概算定额》或《预算定额》,即在编制概算时应采用《概算定额》,在编制预算时应采用《预算定额》。

工程数量指工程数量是定额单位的倍数。

工资单价是指生产工人每工日的人工费,按下式计算:

$$人工费(元/工日) = [基本工资(元/月) + 地区生活补贴(元/月) + 工资性津贴(元/月)] \times (1 + 14\%) \times 12月 \div 225(工日)$$

式中各项说明如下:

(1)生产工人基本工资(元/月)见表2-1。

生产工人基本工资 表2-1

工资区类别	六	七	八	九	十	十一
基本工资(元/月)	230	235	246	251	262	268

(2)地区生活补贴:指国家规定的边远地区生活补贴、特区补贴。

(3)工资性津贴:指物价补贴,煤、燃气补贴,交通费补贴、住房补贴等。

除第(1)项不调整外,第(2)、第(3)项由各省、自治区、直辖市公路(交通)工程定额(造价管理)站根据当地人民政府的有关规定核定后公布执行,并抄送部公路工程定额站备案。

(4)14%是国家规定的职工福利费。

(5)12是指每年12个月。

(6)225是指全年365天中扣除节假日、双休日及生产工人辅助工资中所列内容折算的天数之后的有效劳动天数。

工资单价仅作为编制概、预算的依据,不作为施工企业实发工资的依据。

【例1】 某地区已知生产工人的基本工资为246元/月,副食及粮、煤价格补贴55元/月,交通补贴10元/月,试确定其工资单价。

解:工资单价(元/工日)=[246+55+10]×(1+14%)×12÷225=18.91(元/工日)

(四)考点4:材料单价的组成和计算

1.材料单价的组成

材料预算单价由材料原价、运杂费、场外运输损耗、采购及仓库保管费所组成。

2.材料单价的计算

(1)材料预算单价,按《编制办法》规定,无论编概算或是编预算,其材料单价均采用预算单价。

(2)材料预算价格计算公式如下:

材料预算价格=(材料原价+运杂费)×(1+场外运输损耗率)×(1+采购及保管率)-包装品回收价值

【例2】 某钢材供应价为3200元/t,用4t载重汽车人工装卸运输5km。已知人工16元/工日,汽车210.42元/台班,求钢材的预算单价。

解:材料预算单价=(材料原价+运杂费)×(1+场外运输损耗率)×(1+采购及保管率)-包装品回收价值

依题意得:

(1)材料原价:材料原价为供应价3200元/t。

(2)运杂费:由《预算定额》[622-9-5 $<\frac{5}{6}$]及[638-9-9-3]所示,得:

①单位运费:(3.07+0.27×4)×210.42=873.24(元/100t)=8.73(元/t)。

②单位装卸费:15.0×16×(1+15%)=276(元/100t)=2.76(元/t)。

③单位杂费=0。

故运杂费:8.73+2.76+0=11.49(元/t)。

(3)场外运输损耗率

由表得钢材场外运输损耗率为0%。

(4)采购及保管率

钢材采购及保管率为2.5%。

(5)包装品回收价值

钢材不需包装品,故包装品的回收价值为0。

综上计算得：

钢材的预算单价 =（3200 + 11.49）×（1 + 0%）（1 + 2.5%）= 3291.77（元/t）

（五）考点5：机械台班单价的组成和计算

1. 机械台班单价的组成

施工机械费用项目由不变费用和可变费用两大项组成。

（1）不变费用

是指除青海、新疆、西藏等边远地区外，其费用不能变，即应直接采用的费用。该费用由以下四项组成：折旧费 、大修理费、经常修理费、安装拆卸及辅助设施费。

（2）可变费用

可变费用是指其费用随当地物价水平而变化的费用。在可变费用中《机械台班费用定额》只给出了各种资源的耗量标准，即数量指标。将这些数量指标乘以相应的单价，才能得到相应的费用。由于各地的物价水平不一样，因此，在相同的定额消耗数量指标下，各地的费用数值是不同的。即定额值是不变量，而各地的物价是变量，由此，二者的积则是可变量。构成可变费用的资源主要有人工、燃料、水、电、养路费及车船使用税等。

2. 机械台班单价的计算

台班单价是编概、预算必不可少的依据。《机械台班费用定额》以一个台班为单位，规定了其不变费用及可变费用中各种资源的消耗量。根据这些并结合当地相应的物价，即可计算机械台班的单价。

【例3】 试计算摊铺宽度为6m的滑模式水泥混凝土摊铺机的台班单价。已知人工21元/工日，柴油2.40元/kg。

解：由《机械台班费用定额》查得，该机械的代号为[550]。由此可知：

不变费用：3420.06元；

可变费用：人工费 21 ×3 = 63（元）；

柴油费：2.4 × 84 = 201.60（元）；

合计：63 + 201.60 = 264.60（元）；

台班单价：3420.06 + 264.60 = 3684.66（元）。

（六）考点6：建筑安装工程费用的组成和计算

1. 建筑安装工程费用的组成

1）公路工程概预算的工程造价，由以下四个部分组成：

（1）建筑安装工程费；

（2）设备、工具、器具及家具购置费；

（3）工程建设其他费用；

（4）预留费用。

2）建筑安装费（建安费）是工程造价四类组成费用之一，由直接工程费、间接费、施工技术装备费、计划利润和税金五个部分组成。

2. 建筑安装工程费用的计算

1）直接工程费 = 直接费 + 其他直接费 + 现场经费

（1）直接费 = 人工费 + 材料费 + 施工机械使用费

（2）其他直接费 = 定额直接费 × 其他直接费的综合费率

其他直接费是指直接费以外，施工过程中发生的直接用于工程的费用。其他直接费由冬季施工增加费、雨季施工增加费、夜间施工增加费、行车干扰工程施工增加费、施工辅助费等七项组成。

计算这些其他直接费时注意几点：

第一，冬季施工增加费是按照全年平均摊销的方法计算的。即不论是否在冬季施工，均按规定的取费标准计取冬季施工增加费。

第二，雨季施工增加费是按全年平均摊销的方法计算的。即不论是否在雨季施工，均按规定的取费标准计取雨季施工增加费。当一条路线通过不同的雨量区和雨季期时，应分别计算雨季施工增加费，或按工程量比例求得平均的增加率，计算全线的雨季施工增加费。

第三，高原地区施工增加费是指海拔高度在2000m以上的地区，由于受气候、气压的影响，致使人工、机械效率降低而增加的费用。

(3)现场经费 = 临时设施费 + 现场管理费

临时设施费 = 定额直接费之和 × 相应工程的临时设施费费率

现场管理费 = 定额直接费之和 × 各费用项目的相应费率

2)间接费 = 企业管理费 + 财务费用 = 定额直接工程费 × 间接费综合费率

企业管理费 = 定额直接工程费之和 × 企业管理费费率

财务费用 = 定额直接工程费之和 × 财务费费率

定额直接工程费 = 定额直接费 + 其他直接费 + 现场经费

3)施工技术装备费 = (定额直接工程费 + 间接费) × 施工技术装备费费率

4)计划利润 = (定额直接工程费 + 间接费) × 计划利润率

5)税金 = (直接工程费 + 间接费 + 计划利润) × 综合税率

式中：综合税率 = 1/[1 − 营业税税率 × (1 + 城市维护建设税税率 + 教育费附加税率)] − 1

概算综合税率按3.41%计。

预算综合税率分别为：

纳税人在市区的，综合税率为3.41%；

纳税人在县城、乡镇的，综合税率为3.35%；

纳税人不在市区、县城、乡镇的，综合税率为3.22%。

纳税人所在地是指施工企业登记注册的所在地。

6)建筑安装费 = 直接工程费 + 间接费 + 施工技术装备费 + 计划利润 + 税金

3. 设备、工具、器具及家具购置费的计算　参见公路工程监理培训教材《工程费用监理》P63

4. 工程建设其他费用参见公路工程监理培训教材《工程费用监理》

【例4】 已知定额基价为1000万元，其他直接费的综合费率为5%，现场经费的综合费率为10%，间接费的综合费率为4%，施工技术装备费的费率为3%，施工技术装备费为多少万元？

解： 定额直接工程费 = 定额直接费 + 其他直接费 + 现场经费

= 1000 + 1000 × 5% + 1000 × 10% = 1150(万元)

间接费 = 定额直接工程费 × 间接费综合费率

= 1150 × 4% = 46(万元)

施工技术装备费 = (定额直接工程费 + 间接费) × 费率

= (1150 + 46) × 3% = 35.88(万元)

(七)考点7:概预算的编制依据、内容、程序和方法

1.概预算的编制依据

(1)建设项目立项依据及有关文号;

(2)设计图纸和施工组织设计资料;

(3)《编制办法》与定额;

(4)与概预算有关的合同、协议、委托书等有关文件。

凡与编制概预算有关的文件和规定,以及在外业调查中签订的各种协议和合同都是编制概预算的重要依据。

2.概预算编制内容

填写甲组文件01表~07表和乙组文件08表~12表。

3.概预算编制程序与方法

1)概预算编制程序

(1)熟悉图纸和资料;确定工、料、机数量;

(2)准备工具书、表格及有关的政策、法规等文件;

(3)列项;

(4)查定额确定工料机消耗量;

(5)计算工料机单价;

(6)确定费率;

(7)计算各项费用;

(8)汇总工料机消耗量;

(9)编写"编制说明";

(10)复核;

(11)审核。

2)概预算编制方法

实物量法。

(八)考点8:竣工决算的编制

1.竣工决算的编制依据

(1)经批准的可行性研究报告、初步设计、概算或调整概算、变更设计以及开工报告等文件;

(2)历年的年度基本建设投资计划;

(3)经审核批复的历年年度基本建设财务决算;

(4)编制的施工图预算、承包合同、工程结算等有关资料;

(5)历年有关财产物资、统计、财务会计核算、劳动工资、审计及环境保护等有关资料;

(6)工程质量鉴定、检验等有关文件,工程监理有关资料;

(7)施工企业交工报告等有关技术经济资料;

(8)有关建设项目附产品、简易投产、试运营(生产)、重载负荷试车等产生基本建设收入的财务资料;

(9)有关征地拆迁资料(协议)和土地使用权确权证明;

(10)其他有关的重要文件。

2. 竣工决算的编制程序

(1)认真熟悉竣工图表资料,对作为工程结算的各种工程量进行必要的核对,图与现场、图与表要三对口;检查各种工程量的计算方法是否符合合同文件的规定,以及竣工图表资料是否符合国家档案资料管理的要求。

(2)审查施工过程中各种变更设计、索赔处理,有无不符合规定之处,签证手续是否齐全。

(3)审查竣工结算是否与竣工图表资料、合同文件相符。

(4)统计汇总设计和实际完成的主要工程量,以及水泥、钢材、木材等数量。

(5)摘取各种实物量、财务数据等资料,填入相应的竣工决算表内,编制竣工平面图和竣工决算说明书。

3. 竣工决算的编制方法

统计分析法。

4. 竣工决算报告的文件组成

(1)竣工决算报告的封面、目录;

(2)竣工工程平面示意图;

(3)竣工决算报告说明书;

(4)竣工决算表格。

(九)例题

1. 单项选择题(每题的备选项中,只有1个最符合题意)

(1)不是工程建设概预算编制依据的是(B)。

A. 工程量计算规则　　B. 工程量清单

C. 有关政策法规　　D. 设计图纸

(2)在建设项目竣工决算报表中,反映建设项目全部资金情况和资金占用情况的是(C)。

A. 建设项目概况表　　B. 交付使用财产总表

C. 竣工财务决算表　　D. 竣工财务决算审批表

(3)竣工决算由(A)主编。

A. 建设单位　　B. 施工单位

C. 设计单位　　D. 监理单位

(4)材料消耗定额中的材料消耗量是指(C)。

A. 材料必须消耗量

B. 直接用到工程上,构成工程实体的消耗量

C. 包括材料净用量和场内运输及操作不可避免的损耗

D. 包括材料净用量和辅助材料

(5)属于建筑安装工程直接费中的材料费是(B)。

A. 机械安装及拆卸所需材料费

B. 周转材料摊销费

C. 搭设临时设施所耗材料费

D. 建筑材料质量一般性鉴定检查所需材料费

(6)对建筑材料、构配件进行一般性鉴定检查所发生的费用属于(B)。

A. 研究试验费　　B. 直接费

C. 间接费　　D. 现场管理费

(7)不属于材料预算价格的费用是(A)。

A. 材料二次搬运费
B. 材料包装费
C. 材料采购及保管费
D. 材料原价

(8)材料预算单价中的运杂费是指材料从其来源地运到(C)的费用。

A. 工地仓库以后出库
B. 施工操作地点
C. 工地仓库
D. 施工工地

(9)建设项目办理各种银行保函的手续费用属于(A)。

A. 财务费用
B. 现场经费
C. 施工辅助费
D. 直接费

(10)机械台班单价组成中,不属于不变费用的是(D)。

A. 经常修理费
B. 大修理费
C. 折旧费
D. 机械的进退场费用

(11)建筑安装工程费中的税金是指(A)。

A. 营业税、城乡建设维护税和教育费附加
B. 营业税、固定资产投资方向调节税和教育费附加
C. 营业税、增值税和教育费附加
D. 营业税、固定资产投资方向调节税和城乡建设维护税

(12)某工程直接工程费为250万元,间接费为40万元,计划利润为10万元,税率为3%,则该工程的税金为(A)万元。

A. 9.0
B. 8.7
C. 7.8
D. 7.5

(13)冬、雨季施工增加费应(A)。

A. 按定额费率常年计取,包干使用
B. 按冬、雨季施工期规定费率计取
C. 按实际发生费用计取
D. 按测算费用计取

(14)人工费、材料费、施工机械使用费构成(A)。

A. 直接费
B. 直接工程费
C. 间接费
D. 其他直接费

2. 多项选择题(每题的备选项中,只有2个或2个以上符合题意,至少有1个错项)

(1)工程建设定额的特点包括(ABD)。

A. 科学性
B. 权威性
C. 复杂性
D. 相对稳定性
E. 永久性

(2)建设项目竣工决算组成部分有(ABCD)。

A. 竣工决算报告说明书
B. 竣工工程平面示意图
C. 竣工决算报表
D. 工程造价比较分析
E. 竣工验收标准

(3)在编制竣工决算时,下列费用中计入新增递延资产价值的有(CD)。

A. 土地征用及迁移补偿费
B. 项目可行性研究费

C. 开办费

D. 以经营方式租入的固定资产改良工程支出

E. 土地使用权出让金

(4)建设项目竣工决算时,计入新增固定资产价值的有(ABC)。

A. 已经投入生产或交付使用的建筑安装工程造价

B. 达到固定资产标准的设备工器具的购置费

C. 可行性研究费

D. 其他相关建筑安装工程造价

E. 开办费

(5)应列入直接费人工费的有(BCD)。

A. 退休工资

B. 生产工人探亲假期工资

C. 生产工人劳动保护费

D. 生产工人福利费

E. 生产工人教育经费

(6)应列入建筑安装工程直接费中人工工资综合单价的有(ABC)。

A. 生产工人劳动保护费

B. 生产工人辅助工资

C. 生产工人福利费

D. 生产工人退休工资

E. 生产职工教育经费

(7)不属于机械台班不变费用的有(CD)。

A. 大修理费

B. 经常修理费

C. 大型机械的进退场费用

D. 人工费

E. 折旧费

(8)不属于建筑安装工程间接费的有(BCD)。

A. 企业管理费

B. 工程监理费

C. 建设单位管理费

D. 勘察设计费

E. 财务费用

3. 判断题

(1)施工企业投标报价由企业的施工技术和管理水平决定,不受国家的定额约束。 (T)

(2)冬季施工增加费是按照全年平均摊销的方法进行计算。 (T)

(3)高原地区施工增加费是指海拔高度在 1800m 以上的地区,由于受气候、气压的影响,致使人工、机械效率降低而增加的费用。 (C)

(4)《公路工程机械台班费用定额》的费用项目划分为不变费用和可变费用。 (T)

(5)材料的二次搬运费已计入定额中,不得在材料预算单价中再次计算。 (T)

第三部分　施工招投标中的费用管理

一、考试大纲要求

了解:公路工程建设招标的范围、方式,《公路工程国内招标文件范本》(2003 年版)中投标人须知的内容,招投标的程序以及对投标申请人资格预审的方式、程序、评审办法。

掌握:标价构成、各分项工程单价的分析和计算,标书的审查和复核,评标的原则、评标价的计算以及定标的方式。

二、考点分析与例题

(一)考点 1:公路工程建设招标的范围、方式

1. 招标的范围

1)工程建设项目招标范围

(1)大型基础设施、公用事业等关系社会公共利益、公众安全的项目;

(2)全部或者部分使用国有资金投资或者国家融资的项目;

(3)使用国际组织或者外国政府资金的项目。

2)工程建设项目招标规模标准

《工程建设项目招标范围和规模标准规定》规定的上述各类工程建设项目,包括项目的勘察、设计、施工、监理以及与工程建设有关的重要设备、材料等的采购,达到下列标准之一的,必须进行招标:

(1)施工单项合同估算价在 200 万元人民币以上的;

(2)重要设备、材料等货物的采购,单项合同估算价在 100 万元人民币以上的;

(3)勘察、设计、监理等服务的采购,单项合同估算价在 50 万元人民币以上的;

(4)单项合同估算价低于第(1)、(2)、(3)项规定的标准,但项目总投资额在 3000 万元人民币以上的。

2. 工程招标的方式

1)法律规定的招标方式:

(1)公开招标:又称无限竞争性公开招标,必须发布招标公告。

(2)邀请招标:又称有限竞争性选择招标 ,邀请招标一般邀请 5 ~ 10 家,但不能少于 3 家。

2)按招标范围还可以划分为国内招标和国际招标。

(二)考点 2:《公路工程国内招标文件范本》(2003 年版)中投标人须知

1. 投标人须知包括六个方面的内容

(1)总则;

(2)招标文件;
(3)投标文件;
(4)投标文件的送交;
(5)开标与评标;
(6)授予合同。

2. 应重点注意的条款

凡是涉及到有关费用、投标价、标书偏差及有关处理规定、评标方法的具体规定等都应该仔细看。

(三)考点3:工程建设招标的程序

1. 招标程序的三个阶段

(1)对投标者的资格预审;
(2)发售招标文件和接收投标书;
(3)开标、评标和签订合同。

2. 招标程序

(1)成立招标组织,由招标人自行招标或委托招标;
(2)编制招标文件和标底(如果有);
(3)发布招标公告或发出投标邀请书;
(4)对潜在投标人进行资质审查,并将审查结果通知各潜在投标人;
(5)发售招标文件;
(6)组织投标人踏勘现场,并对招标文件答疑;
(7)确定投标人编制投标文件所需要的合理时间;
(8)接受投标书;
(9)开标;
(10)评标;
(11)定标、签发中标通知书;
(12)签订合同。

(四)考点4:工程建设投标的程序

1. 投标程序的三步骤

(1)组织投标机构;
(2)编制投标文件;
(3)投标文件的送达。

2. 投标详细程序

(1)熟悉招标文件;
(2)调查研究;
(3)参加标前会议;
(4)核算工程量;
(5)制订施工方案和进度计划;
(6)人工、材料、机械台班价格计算;
(7)分包工程询价;

(8)分摊费用计算和子目(分部分项工程)单价计算;

(9)按工程量清单计算标价并汇总标价;

(10)标价计算和投标报价决策;

(11)编制正式工程报价单。

(五)考点5:投标资格预审

1.资格预审的方式

(1)资格预审;

(2)资格后审。

2.资格预审的程序

(1)建设单位准备资格预审文件;

(2)公开发布资格预审公告;

(3)发售资格预审文件;

(4)投标申请人编写资格预审申请书;

(5)对投标申请人进行必要的调查,对资格预审申请书进行评审;

(6)编制资格预审报告,报上级主管部门审定;

(7)向通过资格预审的投标申请人发出投标邀请。

3.资格预审的评审办法与内容

资格预审按四个阶段进行:符合性检查;强制性资格条件评审;资格评分;澄清与核实。

资格预审的内容包括:投标申请人的施工业绩,技术能力,财务状况,履约信誉,拟投入到本工程的关键人员、主要设备、专项资金等。

(六)考点6:报价的构成和计算

1.对外总报价的构成和计算

对外总报价的投标报价由直接费、间接费、管理费、利润、税收、计日工、指定分包工程费、业主规定暂定金等构成。计算可以按照定额或市场的单价,逐项计算每个项目的单价与合价,分别填入招标人提供的工程量清单中,包括人工费、材料费、施工机械使用费、其他直接费、间接费、利润、税金及材料价差和风险费用等全部费用。汇总所有费用就可以得到对外总报价。计算公式如下:

$$对外总报价=\sum 分项工程单价\times 分项工程量+计日工合计+不可预见费(暂定金额)$$

2.分项工程单价的构成和计算

分项工程单价一般采用综合单价对外进行报价,所以分项工程单价应包括完成该单位分项工程的所有费用。计算可以采用如下公式进行:

$$分项工程单价=分项工程单位直接费\times 平均分摊系数$$

$$平均分摊系数=[\sum 分项工程直接费+待摊费]/\sum 分项工程直接费$$

其中:

(1)待摊费的计算,见监理培训教材《工程费用监理》P73—77。在报价时,一般采用不平衡报价,即采用不平均分摊系数。

(2)投标时采用的人工、材料、机械单价应根据本企业自身的情况以及建设市场和劳动力、施工机械租赁市场状况综合确定。

(3)在计算出直接费的基础上,依据企业自身情况确定各项费率及法定税率,依次计算出其他直接费、间接费、利润和税金。

(4)风险费指工程承包过程中由于各种不可预见的风险因素发生而增加的费用。通常由投标人经过对具体工程项目的风险因素分析之后,确定一个比较合理的工程总价的百分数作为风险费。

(七)考点7:标书的审查和复核

1.初步评审

掌握《公路工程国内招标文件范本》(2003年版)中投标人须知第22条有关规定:

22.1 招标人依法组织的评标委员会首先对投标文件进行初步评审,只有通过初步评审的投标文件才能进入详细评审。

通过初步评审的主要条件:

(1)投标文件按照招标文件规定的格式、内容填写,字迹清晰可辨;

a.投标书按招标文件规定填报了投标价、工期;且有法定代表人或其授权的代理人亲笔签字,盖有法人章;

b.投标书附录的所有数据均符合招标文件规定;

c.投标书附表齐全完整,内容均按规定填写;

d.按规定提供了拟投入的主要人员的证件复印件,证件清晰可辨、有效;

e.投标文件按招标文件规定的形式装订。

(2)投标文件上法定代表人或其授权代理人的签字(含小签)齐全,符合招标文件规定:

凡投标书、投标书附录、投标担保、授权书、工程量清单、投标书附表、施工组织设计的内容必须逐页签字。

(3)法人发生合法变更或重组,与申请资格预审时比较,其资格没有实质性下降:

a.通过资格预审后法人名称变更时,应提供相关部门的合法批件及企业法人营业执照和资质证书的副本变更记录复印件。

b.资格没有实质性下降,指投标文件仍然满足资格预审中的强制性标准(经验、人员、设备、财务等)。

(4)投标人按照招标文件规定的格式、时效和内容提供了投标担保:

a.投标担保为无条件式投标担保;

b.投标担保的受益人名称与招标人规定的受益人一致;

c.投标担保金额符合招标文件规定的金额;

d.投标担保有效期为投标文件有效期加30天;

e.若采用银行保函形式,出具保函的银行级别必须满足投标人须知资料表的规定。

(5)投标人法定代表人的授权代理人,其授权书符合招标文件规定,并符合下列要求:

a.授权人和被授权人均在授权书上签名,不得用签名章代替;

b.附有公证机关出具的加盖钢印的公证书;

c.公证书出具的日期与授权书出具的日期同日或之后。

(6)投标人以联合体形式投标时,提交了联合体协议书副本,且与通过资格预审时的联合体协议书正本完全一致。

(7)投标人如有分包计划应提交分包协议,分包工作量不应超过投标价的30%。

(8)一份投标文件应只有一个投标报价,在招标文件没有规定的情况下,不得提交选择性报价。

(9)投标人提交的调价函符合招标文件要求(如有)。

(10)投标文件载明的招标项目完成期限不得超过招标文件规定的时限。

(11)投标文件不应附有招标人不能接受的条件。

投标文件不符合以上条件之一的,应认为其存在有重大偏差,并对该投标文件作废标处理。

2. 算术性修正(特别注意)

掌握《公路工程国内招标文件范本》(2003 年版)中投标人须知第 23 条有关规定:

23.1 评标委员会对通过初步评审的各投标文件的报价进行校核,并对有算术上的和累加运算上的差错给予修正。修正的原则如下:

(1)当以数字表示的金额与文字表示的金额有差异时,以文字表示的金额为准;

(2)当单价与数量相乘不等于合价时,以单价计算为准;如果单价有明显的小数点位置差错,应以标出的合价为准,同时对单价予以修正;

(3)当各细目的合价累计不等于总价时,应以各细目合价累计数为准,修正总价。

23.2 按以上原则对算术性差错的修正,应取得投标人的同意,并确认修正后的最终投标价。如果投标人拒绝确认,则其投标文件将不予评审,并没收其投标担保。修正后的最终投标价与原报价相比偏差在 1% 以上者,属于重大偏差,按废标处理。

3. 详细评审

掌握《公路工程国内招标文件范本》(2003 年版)中投标人须知第 24 条有关规定:

24.1 评标委员会还应对通过初步评审,完成算术性修正之后的投标文件从合同条件、技术能力以及投标人以往施工履约信誉等方面进行详细评审。

24.2 对合同条件进行详细评审的主要内容包括:

(1)投标人应接收招标文件规定的风险划分原则,不得提出新的风险划分办法;

(2)投标人不得增加业主的责任范围,或减少投标人义务;

(3)投标人不得提出不同的工程验收、计量、支付办法;

(4)投标人对合同纠纷、事故处理办法不得提出异议;

(5)投标人在投标活动中不得含有欺诈行为;

(6)投标人不得对合同条款有重要保留。

投标文件如有不符合以上条件之一者,属于重大偏差,按废标处理。

24.3 对投标人技术能力和以往履约信誉进行详细评审的主要内容:

(1)对投标人提供的财力资源情况(财务报表及相关资金证明材料)的真实性、完整性进行财务能力的评价;

(2)对投标人承诺的拟投入本工程的技术人员素质、设备配置情况的可靠性、有效性进行技术能力的评价;

(3)对投标人编制的施工组织设计、关键工程技术方案的可行性,以及质量标准、进度与质量、安全要求的符合性进行管理水平的评价;

(4)对投标人近五年完成的类似公路工程项目的质量、工期,以及履约表现进行业绩与信誉的评价。

24.4 在对投标人技术能力和履约信誉详细评审过程中,发现投标人的投标文件有下列问题之一,则属于重大偏差,按废标处理:

(1)承诺的质量检验标准低于招标文件或国家强制性标准要求;

(2)关键工程技术方案不可行;

(3)施工业绩及履约信誉证明材料虚假。

4. 细微偏差

掌握《公路工程国内招标文件范本》(2003 年版)中投标人须知第 25 条有关规定:

25.1　投标文件中的下列偏差为细微偏差:

(1)在算术性复核中发现的算术性差错;

(2)在招标人给定的工程量清单中漏报了某个工程细目的单价和合价;

(3)在招标人给定的工程量清单中多报了某个工程细目的单价和合价或所报单价增加或减少了报价范围;

(4)在招标人给定的工程量清单中修改了某些支付号的工程数量;

(5)除强制性标准规定之外,拟投入本合同段的施工、检测设备、人员不足;

(6)施工组织设计(含关键工程技术方案)不够完善。

25.2　评标委员会对投标文件中的细微偏差按如下规定处理:

(1)按本须知第 23 条规定对算术性差错予以修正;

(2)对于漏报的工程细目单价和合价或单价和合价中减少的报价内容视为已含入其他工程细目的单价和合价之中;

(3)对于多报的工程细目报价或工程细目报价中增加的部分报价从评标价中给予扣除;

(4)对于修改了工程数量的工程细目报价按招标人给定的工程数量乘以投标人所报单价的合价予以修正,评标价作相应调整;

(5)在施工、检测设备或人员单项评分中酌情扣分,但最多扣分不得超过该单项评分的 40%;

(6)在施工组织设计(含关键工程技术方案)评分中酌情扣分,但最多扣分不得超过该单项评分的 40%。

25.3　若采用最低评标价法评标,除第 25.1 款(1)、(2)、(3)、(4)项的细微偏差按第 25.2 款规定进行修正外,招标人还应要求投标人对第 25.1 款(5)、(6)项的细微偏差进行澄清,只有投标人的澄清文件为招标人所接受,投标人才能参加评标价的最终评比。

5. 投标文件的澄清

掌握《公路工程国内招标文件范本》(2003 年版)中投标人须知第 27 条有关规定:

27.1　招标人将以书面方式要求投标人对投标文件中的细微偏差内容作必要的澄清或者补正。对此,投标人不得拒绝。澄清或者补正应以书面方式进行并不得超出投标文件的范围或者改变投标文件的实质性内容。投标人的澄清或补正内容将作为投标文件的组成部分。

27.2　投标人拒不按照要求对投标文件进行澄清或者补正的,招标人将否决其投标,并没收其投标担保。招标人不接受投标人主动提出的澄清。

(八)考点 8:评标的原则

公平竞争、技术可靠、经济合理。

(九)考点 9:评标价

掌握《公路工程国内招标文件范本》(2003 年版)中投标人须知第 26 条有关规定:

26.1　投标人经细微偏差澄清和补正后并经投标人确认的投标报价减去招标人给定的暂定金额(含不可预见费总额,或专项暂定金额,或某个给定单价的支付号的合价,或某个给定的总额价等)之后为投标人的评标价。

26.2 招标人对投标人投标报价的评审应以评标价为基准。

(十)考点10:定标的方式

在详细评审之后,评标委员会可根据工程项目技术复杂程度的不同,采用事先在投标人须知资料表中载明的评审方式对各个投标标价评定分值。

1. 综合评估法

根据《公路工程国内招标文件范本》(2003年版)中投标人须知第28条有关规定,该方法的计算方法如下:

1)对投标文件进行详细评审后综合评分的主要内容和分值范围如下:评标价:　　分(招标人可根据项目的具体情况确定不同的评审因素及权重,评标价所占权重一般为70%,对于特大桥、长大隧道或技术较复杂、施工难度较高的工程,评标价所占权重可适当降低,但不应低于50%);财务能力:　　分;技术能力:　　分;管理水平:　　分;业绩与信誉:　　分。

2)评标价的分值确定:

(1)招标人设有标底,招标人将对投标人的评标价按下述规定进行评分

①复合标底计算

$$\frac{A+B}{2}=C$$

式中:A——招标人的标底扣除暂定金额后的值(标底开标时应公布);

B——投标人评标价平均值,B值为投标人的评标价在A值中的105%(含105%)至A值的85%(含85%)范围内的投标人评标价的平均值;

C——复合标底价,若所有投标人评标价均未进入复合标底的计算范围,则$C=A$。

②复合标底降低5%之后为评标基准价D;

③当投标人的评标价等于D时得满分,每高于D一个百分点扣2分,每低于D一个百分点扣1分,中间值按比例内插。

用公式表示如下:

$$F_1=F-\frac{|D_1-D|}{D}\times 100\times E$$

式中:F_1——投标人评标价得分;

F——评标价所占的百分比权重;

D_1——投标人的评标价;

D——评标基准价(复合标底×95%)。

若$D_1 \geqslant D$,则$E=2$;若$D_1<D$,则$E=1$。

(2)招标人未设标底,招标人将对投标人的评标价按下述规定进行评分:

①所有投标人评标价的平均值降低5%之后为评标基准价D;

②当投标人的评标价等于D时得满分,每高于D一个百分点扣2分,每低于D一个百分点扣1分,中间值按比例内插。

用公式表示如下:

$$F_1=F-\frac{|D_1-D|}{D}\times 100\times E$$

式中:F_1——投标人评标价得分;

F——评标价所占的百分比权重；

D_1——投标人的评标价；

D——评标基准价（投标人评标价的平均值 ×95%）。

若 $D_1 \geqslant D$，则 $E=2$；若 $D_1 < D$，则 $E=1$。

2. 最低评标价法（招标人应设有标底）

对通过初步评审和详细评审的投标人的评标价进行比较，发现投标人最低评标价低于招标人标底 15% 以下（含 15%），使得其投标报价可能低于其个别成本的，将要求该投标人作出书面说明并提供相关证明材料，以证明该报价可以按照规定的工期和质量要求完成本工程。投标人不能提供有关证明材料说明该投标报价的合理性，招标人将认为该投标人以低于成本报价竞标，其投标应作废标处理。招标人标底应不包含暂定金额。

如果投标人能说明其投标报价是合理的，招标人将向评标价最低的中标候选人发出中标通知书。

3. 双信封评标法

对于独立特大型桥梁、长大隧道等技术难度较大的公路工程，招标人可选择双信封评标法进行评标，要求投标人将投标报价和工程量清单单独密封在报价信封中，其他商务和技术文件密封在另外一个信封中，在开标前同时提交给招标人。

双信封法的招标评标程序如下：

（1）招标人首先打开商务和技术文件信封，但报价信封交监督机关或公证机关密封保存。

（2）评标委员会对商务和技术文件进行初步评审和详细评审（具体步骤和评审内容同本须知第 22 条和第 24 条的规定），对通过初步评审和详细评审的投标文件的技术部分进行打分，取前三名。

（3）招标人将向技术得分为前三名的投标人发出通知，通知中写明第二次开标的时间和地点。其他投标人的报价将不予开封，原封退还给投标人。

（4）投标人的报价按本须知第 23 条、第 25 条、第 26 条以及综合评估法第 28 条规定，经算术性修正后，计算投标人的评标价、复合标底和各投标人的评标价得分。

（5）将投标人的评标价得分和技术得分相加得到投标人的最终得分，得分最高者中标。

（十一）例题

1. 单项选择题（每题的备选项中，只有 1 个最符合题意）

（1）《工程建设项目招标范围和规模标准规定》明确，重要设备、材料等物资的采购，单项合同结算价在（C）人民币以上必须进行招投标。

A. 200 万元　　B. 150 万元

C. 100 万元　　D. 50 万元

（2）《工程建设项目招标范围和规模标准规定》明确：项目总投资额在（C）人民币以上的必须进行招标。

A. 5000 万元　　B. 4000 万元

C. 3000 万元　　D. 2000 万元

（3）联合体主办人所承担的工程（B）。

A. 必须是主要的工程量　　B. 必须超过总工程量的 50%

C. 必须超过总工程量的 80%　　D. 没有规定

（4）下列关于招标程序的表述，正确的是（B）。

A. 编制标底、成立招标组织、发售招标文件、踏勘现场

B. 成立招标组织、编制标底、发售招标文件、踏勘现场

C. 踏勘现场、发售招标文件、编制标底、成立招标组织

D. 发售招标文件、踏勘现场、成立招标组织、编制标底

(5)资格预审的目的是(B)。

A. 确保适度竞争　　B. 排除不合格的投标书

C. 排除不合格的投标人　　D. 节约招标时间

(6)不属于资格预审内容的是(A)。

A. 申请人拟采用的进度计划　　B. 申请人的施工经历

C. 申请人的信誉　　D. 申请人拟配备的机械设备

(7)在编制投标报价时,如果工程量清单中某项目未填写单价和合价,则(D)。

A. 该标书将被退回投标单位重新填

B. 写该标书将被视为废标

C. 该项目单价和合价将参照其他投标单位的平均报价计算

D. 该项目价款将不予单独支付,所需费用已经包括在其他单价和合价中

(8)对投标人技术能力和履约信誉详细评审过程中发现的下列各项中,属于细微偏差的是(B)。

A. 承诺的质量检验标准低于招标文件

B. 施工组织设计不够完善

C. 施工业绩及履约信誉证明材料虚假

D. 关键工程技术方案不可行

(9)某工程项目采用公开招标方式招标,参加投标的 A、B、C、D、E 五家承包人,经资格预审都满足业主要求。该工程采用综合评估法评标,标底为 10000 万元,各承包人的报价(评标价)分别为 9100 万元、9200 万元、9300 万元、9500 万元、10000 万元。按《公路工程国内招标文件范本》规定综合评估法确定的评标基准价为(B)万元。

A. 11400　　B. 9700　　C. 9400　　D. 9300

(10)评标委员会对投标人投标报价的评审以(B)作为评标基准价。

A. 投标书总报价

B. 评标价

C. 有效合同价

D. 经细微偏差澄清和修正后并经投标人确认的投标报价

2. 多项选择题(每题的备选项中,只有 2 个或 2 个以上符合题意,至少有 1 个错项)

(1)下列招标程序中(ABCE)程序应在接受投标书程序之前完成。

A. 发售招标文件　　B. 编制标底

C. 招标文件答疑　　D. 评标

E. 投标人资审

(2)招标投标法规定的工程项目的招标方式有(DE)。

A. 议标　　B. 两阶段招标

C. 施工招标　　D. 公开招标

E. 邀请招标

(3)编制标底价格应遵循的原则有(ACE)。

A. 应力求与市场的实际变化吻合

B. 按企业级别取费

C. 按工程项目类别计价

D. 标底价格应由成本和利润组成,不包括税金

E. 标底价格要有利于竞争和保证工程质量

(4)属于评标的原则有(ABC)。

A. 公平竞争原则

B. 技术可靠原则

C. 经济合理原则

D. 低价中标原则

E. 公正原则

(5)下面说法错误的是(ACDE)。

A. 投标价最低的投标人应当成为中标人

B. 中标通知书是合同文件的组成部分

C. 招标人和中标人应当自中标通知书发出之日起 15 天内订立书面合同

D. 中标通知书发出后,合同签订前招标人有权改变中标人

E. 中标通知书发出后,合同签订前中标人有权利放弃中标项目

3. 判断题

(1)公开招标同邀请招标在招标程序上的主要差异表现为是否进行资格预审。(T)

(2)公开招标的投标书和报价的评审,应在公开的情况下进行评审。(C)

(3)投标人拒不按照要求对投标文件进行澄清或者补正的,招标人将否决其投标,并没收其投标担保。(T)

(4)评标委员会对各投标文件的算术上的和累加运算上的差错给予修正的原则如下:

①当以数字表示的金额与文字表示的金额有差异时,以文字表示的金额为准;(T)

②当单价与数量相乘不等于合价时,以单价计算为准;如果单价有明显的小数点位置差错,应以标出的合价为准,同时对单价予以修正;(T)

③当各细目的合价累计不等于总价时,应以各细目合价累计数为准,修正总价。(T)

(5)开标由评标委员会主持,邀请行政主管部门监督或公证机关进行公证 。(C)

(6)从开标至工程竣工交付使用后 5 年时间内,业主或招标人均不得将投标人的投标资料向任何第三方泄露,除非征得原投标人的书面同意。(C)

第四部分　工程费用计量与支付

一、考试大纲要求

熟悉：技术规范对各种计量项目所规定的范围、内容。

掌握：工程量清单的构成和内容，工程计量的依据、程序、方法，工程支付的依据、程序，工程支付的项目和方法。

二、考点分析与例题

这部分内容非常重要，考试时，综合分析题部分是离不开这部分知识的，也是监理工程师在实际工作中必须掌握的知识。要掌握好这部分知识，要结合交通部监理培训教材《工程费用监理》及国内招标文件范本、FIDIC 合同条件来学习。

（一）考点 1：工程量清单

1. 工程量清单概念

详见交通部监理培训教材《工程费用监理》P74。

2. 工程量清单的作用

详见交通部监理培训教材《工程费用监理》P74。

3. 清单工程量

详见交通部监理培训教材《工程费用监理》P74，特别注意：工程量清单中所列工程数量是估算的或设计的预计数量，仅作为投标报价的共同基础，不能作为最终结算与支付的依据。

4. 工程量清单的内容

详见交通部监理培训教材《工程费用监理》P74—78。

工程量清单其内容包括前言、工程细目、计日工明细表和清单汇总表四个部分。

（1）前言

前言，又称清单序言或清单说明，它对工程项目的工作范围和内容、计量方式和方法、费用计算依据进行描述，因此，在招标阶段对工程报价有影响，在工程实施期间对计量支付有影响，在工程发生变更及费用索赔时，也直接影响监理工程师对单价的确定。

（2）工程细目

工程细目又叫分项清单表，表中有项目编号、项目名称、工程数量及单位、单价及款额等栏目。

（3）计日工明细表

《公路工程国内招标文件范本》（2003 年版）对该部分知识规定如下：

D. 计日工明细表

一、总　　则

1. 本节应参照合同通用条款第52.4款一并理解。

2. 未经监理工程师书面指令,任何工程不得按计日工施工;接到监理工程师按计日工施工的书面指令,承包人也不得拒绝。

3. 投标人应在本节计日工单价表填列计日工细目的基本单价或租价,该基本单价或租价适用于监理工程师指令的任何数量的计日工的结算与支付。计日工的劳务、材料和施工机械由招标人(或业主)列出正常的估计数量,投标人报出单价,计算出计日工总额后列入工程量清单汇总表中并进入评标价。

4. 计日工不调价。

二、计日工劳务

5. 在计算应付给承包人的计日工工资时,工时应从工人到达施工现场,并开始从事指定的工作算起,到返回原出发地点为止,扣去用餐和休息的时间。只有直接从事指定的工作,且能胜任该工作的工人才能计工,随同工人一起做工的班长应计算在内,但不包括领工(工长)和其他质检管理人员。

6. 承包人可以得到用于计日工劳务的全部工时的支付,此支付按承包人填报的"计日工劳务单价表"所列单价计算,该单价应包括基本单价及承包人的管理费、税费、利润等所有附加费,说明如下:

a. 劳务基本单价包括:承包人劳务的全部直接费用,如:工资、加班费、津贴、福利费及劳动保护费等。

b. 承包人的利润、管理、质检、保险、税费;易耗品的使用、水电及照明费、工作台、脚手架、临时设施费、手动机具与工具的使用及维修,以及上述各项伴随而来的费用。

三、计日工材料

7. 承包人可以得到计日工使用的材料费用(上述6b已计入劳务费内的材料费用除外)的支付,此费用按承包人"计日工材料单价表"中所填报的单价计算,该单价应包括基本单价及承包人的管理费、税费、利润等所有附加费,说明如下:

a. 材料基本单价按供货价加运杂费(到达承包人现场仓库)、保险费、仓库管理费以及运输损耗等计算。

b. 承包人的利润、管理、质检、保险、税费及其他附加费;

c. 从现场运至使用地点的人工费和施工机械使用费不包括在上述基本单价内。

四、计日工施工机械

8. 承包人可以得到用于计日工作业的施工机械费用的支付,该费用按承包人填报的"计日工施工机械单价表"中的租价计算。该租价应包括施工机械的折旧、利息、维修、保养、零配件、油燃料、保险和其他消耗品的费用以及全部有关使用这些机械的管理费、税费、利润和驾驶员与助手的劳务费等费用。

9. 在计日工作业中，承包人计算所用的施工机械费用时，应按实际工作小时支付。除非监理工程师的同意，计算的工作小时才能将施工机械从现场某处运到监理工程师指令的计日工作业的另一现场往返运送时间包括在内。

计日工劳务单价表

合同段：

细 目 号	名 称	估计数量(小时)	单价(元/小时)	合价(元)
101	班长			
102	普通工			
103	焊工			
104	电工			
105	混凝土工			
106	木工			
107	钢筋工			
……	……			
计日工劳务(结转计日工汇总表)				

注：根据具体工程情况，也可用天数作为计日工劳务单位。

计日工材料单价表

合同段：

细目号	名称	单位	估计数量	单价(元)	合价(元)
201	水泥	t			
202	钢筋	t			
203	钢绞线	t			
204	沥青	t			
205	木材	m^3			
206	砂	m^3			
207	碎石	m^3			
208	片石	m^3			
……	……				
……	……				
计日工材料小计(结转计日工汇总表)					

计日工施工机械单价表

合同段：

细目号	名称	估计数量(小时)	租价(元/小时)	合价(元)
301	装载机			
301-1	1.5 m^3 以下			
301-2	1.5 ~ 2.5 m^3			
301-3	2.5 m^3 以上			
302	推土机			

续上表

细目号	名称	估计数量(小时)	租价(元/小时)	合价(元)
302-1	90kW 以下			
302-2	90～180kW			
302-3	180kW 以上			
……	……			
……	……			
计日工施工机械小计(结转计日汇总表)				

计日工汇总表

合同段:

名称	金额(元)
计日工:	
1. 劳务	
2. 材料	
3. 施工机械	
计日工合计(结转工程量清单汇总表)	

(4)清单汇总表

E. 工程量清单汇总表

合同段:

序号	章次	科目名称	金额(元)
1	100	总则	
2	200	路基	
3	300	路面	
4	400	桥梁、涵洞	
5	500	隧道	
6	600	安全设施及预埋管线	
7	700	绿化及环境保护	
8		第 100 至 700 章清单合计	
9		已包含在清单合计中的专项暂定金额小计(同下表 C)	
10		清单合计减去专项暂定金额(即 8－9＝10)	
11		计日工合计	
12		不可预见费(暂定金额)	总额
13		投标价(8＋11＋12＝13)	

5. 工程量清单的编制

详见交通部监理培训教材《工程费用监理》P78—81。

6. 工程量清单投标报价的应用

工程量清单主要用于编制招标工程的标底价格和供投标人进行投标报价，在应用工程量清单计算工程价格时应注意以下问题：

(1)工程量清单应与投标须知、合同条件、合同协议条款、技术规范和工程设计图纸等一起使用。工程量清单通常不再重复或概括工程材料的一般说明，在编制和填写工程量清单中每一项目的单价和合价时，应参考投标须知和合同文件的有关条款。

(2)工程量清单列出的工程量通常是根据"工程量计算规则"进行计量的，如果工程量清单内所列出的计量方法与"工程量计算规则"的说明有差异，应以工程量清单内所列出的计量方法为准。工程结算亦须据此办理。

(3)采用工料单价投标报价的，工程量清单中所填入的单价和合价，应按照现行工程定额的人工、材料、机械台班消耗量标准以及相应的人工、材料、机械台班价格来确定，作为直接费计算的基础。其他直接费、现场经费、间接费、利润、现场因素费用、施工技术措施费、所测算的风险金、按有关规定应计的调价、税金等按现行规定的方法计取，计入其他相应的报价表中。

(4)采用综合单价投标报价的，工程量清单中所填入的单价和合价应包括人工费、材料费、机械费、其他直接费、现场经费、间接费、利润、税金、先行取费中的有关费用、按有关规定应计的调价、所测算的风险金等全部费用。

(5)工程量清单中的每一计价项目均需填写单价和合价，对没有填写单价和合价项目的费用，将被视为已包括在工程量清单的其他单价或合价之中。

(二)考点2:投标报价

参见公路工程监理培训教材《工程费用监理》P81—96

(三)考点3:工程计量

1. 工程计量的概念

所谓计量，就是按照合同条款对已完成的工程量进行测量与计算并予以确认的过程，它是工程付款前的一个重要阶段。监理工程师的计量权其实就是对工程量计量结果的确认权。

2. 工程量计量要求

1)一般要求

(1)本规范所有工程项目，除个别注明者外，均采用中国法定的计量单位，即国际单位及国际单位制导出的辅助单位进行计量。

(2)本规范的计量与支付，应与合同条款、工程量清单以及图纸同时阅读，工程量清单中的支付项目号和本规范的章节编号是一致的。

(3)任何工程项目的计量，均应按本规范规定或监理工程师书面指示进行。

(4)按合同提供的材料数量和完成的工程量所采用的测量与计算方法，应符合本规范的规定。所有这些方法，应经监理工程师批准或指令。承包人应提供一切计量设备和条件，并保证其设备精度符合要求。

(5)除非监理工程师另有准许，一切计量工作都应在监理工程师在场的情况下，由承包人测量、记录。有承包人签名的计量记录原本，应提交给监理工程师审查和保存。

(6)工程量应由承包人计算，由监理工程师审核。工程量计算的副本应提交给监理工程师并由监理工程师保存。

(7)全部必需的模板、脚手架、装备、机具、螺栓、垫圈和钢制件等其他材料,应包括在工程量清单中所列的有关支付项目中,均不单独计量。

(8)除监理工程师另有批准外,凡超过图纸所示的面积或体积,都不予计量与支付。

(9)承包人应严格标准计量基础工作和材料采购检验工作。沥青混凝土、沥青碎石、水泥混凝土、高强度水泥砂浆的施工现场必须使用电子计量设备称重。因不符合计量规定引发的质量问题,所发生的费用由承包人承担。

(10)如本规范规定的任何分项工程或其细目未在工程量清单中出现,则应被认为是其他相关工程的附属工作,不再另行计量。

2)重量

(1)凡以重量计量或以重量作为配合比设计的材料,都应在精确与批准的磅秤上,由称职合格的人员在监理工程师指定或批准的地点进行称重。

(2)称重计量时应满足以下条件:监理工程师在场;称重记录;载有包装材料、支撑装置、垫块、捆束物等重量的说明书在称重前提交给监理工程师作为称重依据。

(3)钢筋、钢板或型钢计量时,应按图纸或其他资料标示的尺寸和净长计算。搭接、接头套筒、焊接材料、下脚料和定位架立钢筋等,则不予计量。钢筋、钢板或型钢应以千克计量,四舍五入,不计小数。钢筋、钢板或型钢由于理论单位重量与实际单位重量的差异而引起材料重量与数量不相匹配的情况,计量时不予考虑。

(4)金属材料的重量不得包括施工需要加放或使用的灰浆、楔块、填缝料、垫衬物、油料、接缝料、焊条、涂敷料等的重量。

(5)承运按重量计量的材料的货车,应每天在监理工程师指定的时间和地点称出空车重量,每辆货车还应标示清晰易辨的标记。

(6)对有规定标准的项目,例如钢筋、金属线、钢板、型钢、管材等,均有规定的规格、重量、截面尺寸等指标,这类指标应视为通常的重量或尺寸。除非引用规范中的允许偏差值加以控制,否则可用制造商所示的允许偏差。

3)面积

除非另有规定,计算面积时,其长、宽应按图纸所示尺寸线或按监理工程师指示计量。对于面积在 $1m^2$ 以下的固定物(如检查井等)不予扣除。

4)结构物

(1)结构物应按图纸所示净尺寸线,或根据监理工程师指示修改的尺寸线计量。

(2)水泥混凝土的计量应按监理工程师认可的并已完工工程的净尺寸计算,钢筋的体积不扣除,倒角不超过 $0.15m \times 0.15m$ 时不扣除,体积不超过 $0.03m^3$ 的开孔及开口不扣除,面积不超过 $0.15m \times 0.15m$ 的填角部分也不增加。

(3)所有以延米计量的结构物(如管涵等),除非图纸另有标示,应按平行于该结构物位置的基面或基础的中心方向计量。

5)土方

(1)土方体积可采用平均断面积法计算,但与似棱体公式(Prismoidal formula)计算结果比较,如果误差超过 ±5% 时,监理工程师可指示采用似棱体公式。

(2)各种不同类别的挖方与填方计量,应以图纸所示界线为限,而且应在批准的横断面图上标明。

(3)用于填方的土方量,应按压实后的纵断面高程和路床面为准来计量。承包人报价时,应考虑在挖方或运输过程中引起的体积差。

(4)在现场钉桩后56d内,承包人应将设计和进场复测的土方横断图连同土方的面积与体积计算表,一并提交监理工程师批准。所有横断面图,都应标有图题框,其大小由监理工程师指定。一旦横断面图得到最后批准,承包人应交给监理工程师原版图及三份复制图。

6)运输车辆体积

(1)用体积计量的材料,应以经监理工程师批准的车辆装运,并在运到地点进行计量。

(2)用于体积运输的车辆,其车厢的形状和尺寸应使其容量能够容易而准确地测定并应保证精确度。每辆车都应有明显标记。每车所运材料的体积应于事前由监理工程师与承包人相互达成书面协议。

(3)所有车辆都应装载成水平容积高度,车辆到达送货点时,监理工程师可以要求将其装载物重新整平,对超过定量运送的材料将不予支付。运量达不到定量的车辆,应被拒绝或按监理工程师确定减少的体积接收。根据监理工程师的指示,承包人应在货物交付点,随机将一车材料刮平,在刮平后如发现货车运送的材料少于定量时,从前一车起所有运到的材料的计量都按同样比率减为目前的车载量。

7)重量与体积换算

(1)如承包人提出要求并得到监理工程师的书面批准,已规定要用立方米计量的材料可以称重,并将此重量换算为立方米计量。

(2)从重量计量换算为体积计量的换算系数应由监理工程师确定,并应在此种计量方法使用之前征得承包人的同意。

8)沥青和水泥

(1)沥青和水泥应以千克(kg)计量。

(2)如用卡车或其他运输工具装运沥青材料,可以按经过检定的重量或体积计算沥青材料的数量,但要对漏失或泡沫进行校正。

(3)水泥可以袋作为计量的依据,但一袋的标准应为50kg。散装水泥应称重计量。

9)成套的结构单元

如规定的计量单位是一成套的结构物或结构单元(实际上就是按"总额"或称"一次支付"计的工程细目),该单元应包括了所有必需的设备、配件和附属物及相关作业。

10)标准制品项目

(1)如规定采用标准制品(如护栏、钢丝、钢板、轧制型材、管子等),而这类项目又是以标准规格(单位重、截面尺寸等)标示的,则这种标示可以作为计量的标准。

(2)除非采用标准制品的允许误差比规范要求的允许误差要求更严格,否则,生产厂确定的制造允许误差将不予认可。

3. 工程计量范围和内容

1)总体要求

理论上讲,所有工程事项都应进行计量,以便获取完整记录,但有时失于繁琐。一般的讲,应对技术规范和工程量清单所包含的内容进行计量,但实际工作中,只对需要进行支付的细目加以计量。

2)重点掌握内容

对于《公路工程国内招标文件范本》(2003年版下册)"技术规范"的总则、路基土石方工程和桥涵工程的内容要重点掌握它们每章节后的有关“计量与支付”的规定。例如：

(1)对“施工环保费”的计量支付规定是：每1/3工期支付总额的30%。交工证书签发之后，支付总额的10%。

(2)临时工程完工后，由监理工程师验收合格后分期支付，所报总额的80%，应在第1次至第4次进度付款证书中，以4次等额予以支付；所报总价中余下的20%，待交工证书颁发后支付。

(3)砍伐树木仅计胸径(离地面1.3m高处的直径)大于150mm的树木，以棵计量。包括砍伐后的截锯、移运(移运至监理工程师指定的地点)、堆放等一切有关的作业；挖除树根以棵计量，包括挖除、移运、堆放等一切有关的作业。

(4)所有场地清理、拆除与挖掘工作的一切挖方、回填、压实，以及适用材料的移运、堆放和废料的移运处理等作业均不另行计量。

(5)在挖方路基的路床顶面以下，土方断面应挖松深300mm再压实；石方断面应辅以人工凿平或填平压实。此两项作为承包人应做的附属工作，均不予计量。

(6)零填挖路段的翻松、压实不另计量。

(7)零填挖路段的换填土，按压实的体积，以立方米计量。计价中包括表面不良土的翻挖运弃(不计运距)，换填好土的挖运(免费运距以内)、摊平、压实等一切与此有关作业的费用。

(8)利用土、石填方及土石混合填料的填方，按压实的体积，以立方米计量。计价中包括运输、挖台阶、摊平、压实、整型等一切与此有关的作业费用。其开挖作业在第203节路基挖方中计量。

(9)借土填方，按压实的体积，以立方米计量。计价中包括借土场(取土坑)中非适用材料的挖除、弃运及借土场的资源使用费、场地清理、施工便道、便桥的修建与养护、临时排水与防护等和填方材料的开挖、运输、挖台阶、摊平、压实、整型等一切与此有关作业的费用。

(10)粉煤灰路堤按压实体积，以立方米计量，计价中包括材料铲运、摊铺、晾晒、土质护坡、压实、整型等一切与此有关的作业费用。

(11)结构物台背回填按压实体积，以立方米计量，计价中包括挖运、摊平、压实、整型等一切与此有关的作业费用。

(12)临时排水以及超出图纸要求以外的超填，均不计量。

(13)边沟、排水沟、截水沟的加固采用浆砌片石铺砌，按图纸施工经验收合格的实际长度以米计量，由于边沟、排水沟、截水沟加固铺砌而需扩挖部分的开挖，均作为承包人应做的附属工作，不另计量与支付。有钢筋混凝土盖板的边沟长度亦以米计量。

(14)急流槽按图纸施工，经验收合格的断面尺寸计算体积(包括消力池、消力槛、抗滑台等附属设施)，以立方米计量。

(15)路基盲沟按图纸施工，经验收合格的断面尺寸及所用材料，按长度以米计量。

(16)完工并经验收的预应力混凝土结构的预应力钢材，按图纸所示或预应力钢材表所列数量以千克(kg)计量。后张法预应力钢筋的长度按两端锚具间的理论长度计算；先张法预应力钢筋的长度按构件的长度计算。

(17)桥面防水层按图纸要求施工，并经监理工程师验收的实际数量，以平方米计量。

(18)桥面泄水管及混凝土桥面铺装接缝等作为桥面铺装的附属工作，不另行计量。

(19)支座按图纸所示不同的类型，包括支座的提供和安装，以个计量。支座清洗、运输、起吊及安装支座所需的扣件、钢板、焊接、螺栓、黏结等，作为支座安装的附属工作，不另行计量。

(20)桥面伸缩装置按图纸要求安装并经监理工程师验收的数量，分不同结构型式以米计量。其内容包括伸缩装置的提供和安装等作业。除伸缩装置外的其他接缝，如橡胶止水片、沥青类等接缝填料，作为有关工程的附属工作，不另行计量。

安装时切割和清除伸缩装置范围内沥青混凝土铺装和安装伸缩装置所需的临时或永久性的扣件、钢板、钢筋、焊接、螺栓、粘结等，作为伸缩装置安装的附属工作，不另行计量。

(21)钢筋混凝土圆管涵或倒虹吸管，以图纸规定的洞身长度或监理工程师同意的现场沿涵洞中心线量测的进出洞口之间的洞身长度，分别不同孔径及孔数，经监理工程师检查验收后以米计量。管节所用钢筋，不另计量；图纸中标明的基底垫层和基座，圆管的接缝材料、沉降缝的填缝与防水材料等，洞口建筑，包括八字墙、一字墙、帽石、锥坡、铺砌、跌水井以及基础挖方和运输、地基处理与回填等，均作为承包人应做的附属工作，不另计量与支付。

(22)钢筋混凝土盖板涵(含梯坎涵、通道)、钢筋混凝土箱涵(含通道)应以图纸规定的洞身长度或经监理工程师同意的现场沿涵洞中心线测量的进出口之间的洞身长度，经验收合格后按不同孔径以米计量，盖板涵、箱涵所用钢筋不另计量；所有垫层和基础，洞口建筑，包括八字墙、一字墙、帽石、锥坡、跌水井、洞口及洞身铺砌以及基础挖方、地基处理、回填土(包括台背)等作为承包人应做的附属工作，均不单独计量。

4. 工程计量原则

详见交通部监理培训教材《工程费用监理》P98 或《公路工程施工监理规范》第 6.2。

1)计量的项目应符合合同要求。合同规定计量的项目包括 3 个方面：一是清单中的项目，二是合同文件中规定的项目，三是工程变更项目。只能对满足合同所列项目进行计量与支付。

2)计量应严格按照合同中关于计量的规定进行。有关的合同文件如下：

(1)技术规范。该文件中有各细目详细的质量要求、工作内容以及计算与支付的明确规定。

(2)工程量清单。该文件有各细目详细的工程量估算及单价，工程量清单的前言中有一些细目及基本的计量与支付原则的详细解释。

(3)施工图纸。不同的合同文本，其计量与支付的规定有时会有差异。

3)工程未经验收合格，监理工程师不能进行计量。

4)计量不解除合同中规定的承包人应尽的质量责任和义务。

5)计量是一种净值计量。

5. 计量的依据

《公路工程施工监理规范》第 6.2.1.2 和交通部监理培训教材《工程费用监理》P104。

(1)工程量清单及说明；

(2)合同图纸；

(3)工程变更令及修订的工程量清单；

(4)合同条件；

(5)技术规范；

(6)有关计量的补充协议；

(7)《索赔时间/金额审批表》；

(8)质量合格证书。

注：《公路工程施工监理规范》(JTJ 077—95)，交通部. 北京：人民交通出版社，1995，全书余同

6. 计量的方式

(1)现场实地量测;

(2)室内根据图纸计量;

(3)根据有关记录计量。

7. 计量的组织类型

详见交通部监理培训教材《工程费用监理》P103。

(1)监理单独计量;

(2)承包人单独计量;

(3)监理和承包人联合计量。

注意:不论采用哪一种方式,工程量的确认权都归监理工程师。

8. 计量的方法

详见交通部监理培训教材《工程费用监理》P106—116。

(1)均摊法:对每月都要发生的细目采用。

(2)凭证法。

(3)估价法:解决一项清单细目中需要购置几种仪器设备,而实际只购进一种或几种时的计量问题。

【例题】 工程量清单表100章细目101-1,若按合同,承包人为监理提供的测量设备应为:T2经纬仪2台,D15电子测距仪1台,N2水准仪2台。现在承包人已购入:T2经纬仪1台,D15电子测距仪1台,N2水准仪1台。承包人购货凭据价格为:T2经纬仪30000元/台,D15电子测距仪40000元/台,N2水准仪50000/台,共计120000元,应该对承包人计量多少元。

解:根据市场调查,得到每种仪器的估算价格如表4-1所示。

仪器的估算价格 表4-1

序号	名称	数量	估算单价(元)	估算金额(元)
1	T2	2台	35000	70000
2	D15	1台	50000	50000
3	N2	2台	35000	70000
合计				190000

由题意及表4-1可得:

$A = 125000, B = 35000 + 50000 + 35000 = 120000, D = 190000$

则 $F = A \times B/D = 125000 \times 120000/190000 = 78947$(元)

(4)综合法:在100章的细目中,有的细目包括的工作内容既有每月发生的费用,又有购进设备的费用。还有的细目虽然没有购进设备的费用,只有每月发生的费用,但每月发生的费用并不平衡。为此,必须综合采用估价法和均摊法进行综合计量。首先确定购置费用与每月发生维修费用的比例,将清单项目中的金额分成购置费和维修费用两部分,然后将购置费按估价法计量支付,每月发生的费用按均摊法计量支付。对每月发生费用不平衡的细目,确定特殊月份发生费用的比例,除特殊月份按比例计量外,其他月份按均摊法计量。

(5)断面法。

(6)图纸法。

(7)钻孔取样法。

(8)分项计量法。

9. 计量程序和主要文件

详见交通部监理培训教材《工程费用监理》P101—103 和《公路工程施工监理规范》第6.2.3。

1)程序

(1)发出计量通知或提出计量申请;

(2)审查有关计量的文件资料;

(3)填写中间计量表。

注意三级监理模式中各级监理的权力和责任:驻地监理工程师对工程计量、高级驻地监理工程师对工程计量结果审查、总地监理工程师代表处对计量项目审定。

2)主要文件

(1)《中间计量表》;

(2)《工程分项开工申请批复单》;

(3)《检验申请批复单》及有关的自检资料;

(4)工程质量检验表及有关的质量评定意见;

(5)《工程变更令》;

(6)《中间交工证书》;

10. 合同条款中有关计量的重要条款

《公路工程国内招标文件范本》(2003 年版)"合同通用条款"中关于计量的重要条款:

1)(55.1)工程量清单中开列的工程量是根据本工程的设计提供的预计工程量,不能作为承包人在履行合同义务中应予完成工程的实际和准确的工程量。

2)(55.2)合同中未在工程量清单中填入单价或总额价的工程细目,将被认为其已包含在本合同的其他细目的单价和总额中,业主将不另行支付。

3)(56.1)除另有规定外,监理工程师应该根据《公路工程施工监理规范》(JTJ 077—95)中6.2 和合同规定,对承包人提出的已完工程量通过计量来核实工程量和确定其价值,并据此价值按照第60 条的规定向承包人支付。

承包人应派代表参加计量工作,并应提供计量所需的一切详细资料和必要的人员、设备及有关永久工程的记录与图纸。

如果承包人未派人参加上述计量,则由监理工程师所作的计量应认为是对工程的正确计量。如果承包人对监理工程师计量核实结果不予同意,应在7 天之内向监理工程师提出申辩,监理工程师收到此申辩后,应会同承包人复查对记录和图纸的计量审核,或予确认,或予修改。如果承包人不参加此复查,则应认为监理工程师复查核实结果是正确的。

4)(57.1)工程的计量应以净值为准,除非合同对部分工程另有规定。

5)(57.2)承包人在签订合同协议书后28 天之内,并在总额价支付细目支付前应向监理工程师提交其工程量清单每个总额支付细目的分目。该分目须经监理工程师的批准。

(四)考点4:工程费用支付

所谓支付,是指对承包人应获得的款项由监理工程师予以确认并提交业主进行付款的过程。

1. 费用支付的原则

(1)支付必须以工程计量为基础

详见交通部监理培训教材《工程费用监理》P118。

(2)支付必须以技术规范和报价单为依据

详见交通部监理培训教材《工程费用监理》P118—119。

(3)支付必须及时

详见交通部监理培训教材《工程费用监理》P119。

(4)支付必须以日常记录和合同条款为依据

详见交通部监理培训教材《工程费用监理》。

(5)支付必须遵守严格的程序

详见交通部监理培训教材《工程费用监理》P119。

2. 支付不解除承包人应尽的责任和义务

(1)根据F61.1款(只有在签发了缺陷责任终止证书,写明承包人实施和完成本合同工程及其缺陷修复的义务已经完成,并达到业主和工程师满意时,才能认为本合同已经结束。……),工程费用的期中支付不解除承包人应尽的义务。

(2)F60.9还赋予了工程师对所签发的期中支付证书进行修改的权力。"工程师可用签发期中支付证书的方式对他过去签发的任何证书作更正或修改。如果任何正在进行的工程的完成情况不能使工程师满意,工程师有权在任何一次期中支付证书中扣除或折减该工程的价款。"

3. 支付的程序

详见交通部监理培训教材《工程费用监理》P132—135和《公路工程施工监理规范》第6.4。

1)中期支付程序

(1)承包人提出付款申请。支付工程费用一般由承包人通过监理工程师向业主提出付款申请,承包人在提出付款申请时,根据已完工程的情况,将其工程数量、工程价值以及其他问题填入监理工程师认可的报表中。这些报表主要有中间计量表、工程量清单月报表、索赔审批表、工程变更支付月报表、价格调整表、计日工报表、材料到达现场表、财务支付申请表及工程进度月报表。这些报表说明了承包人在这个月完成的工程量及应支付的金额。

(2)监理工程师审核与签认。监理工程师对承包人提交的月报表进行全面审核和计算,在逐项审核和计算的基础上签认应支付的工程费用。主要审核内容为:申请格式和内容应满足合同要求;所有款项计算与汇总是否准确;核实到达现场材料及材料消耗状况;审查工程质量,是否有不合格或尚未进行缺陷修补的项目。

审核完成之后计算付款净金额,净金额是扣除保留金及预付款回扣额。将净金额与合同规定的临时支付的最小限额比较,若净金额是大于最小限额则开具支付证书,否则不开支付证书,将证实的金额按月结转。

(3)业主付款。监理工程师在收到承包人付款申请后的21天内开出支付证书,业主在收到监理工程师的中期支付证书的21天内支付。

2)交工支付　P134

3)最终支付程序

(1)承包人提出最终支付申请。承包人提交最终支付申请的条件为全部遗留工程或缺陷工程均已完成且达到规范的要求,并获得监理工程师签发的缺陷责任证书;有关合同方面的遗留事宜(如:费用索赔、工程变更、中期支付中有争议而未解决的问题等)均已与监理工程师和业主协商达到基本一致，并按合同办理了有关手续；竣工图纸及有关的竣工资料已按合同规定全部完成，并得到监理工程师的确认；对合同期间所有支付的款项进行了全面清理，对所需的支付凭证进行了必要的补充与完善。

若上述条件不具备时，监理工程师有权拒绝受理承包人的支付申请。当上述条件均具备后，承包人需附上最终结算清单及证明资料，并作必要说明。

(2)监理工程师审定支付申请。监理工程师在收到最终付款申请后，在合同规定时间内，完成对承包人支付申请的审定。其审定的主要内容：申请的格式和内容应满足合同规定及监理的要求；相应的系列结算清单必须齐全、完整，相互关系清晰；相应的系列证明资料有监理工程师签字认可；确认所有的计量与支付均没有遗漏、重复，且计算准确。

在以上审定工作基础上，向业主签发最终支付证书。

(3)业主付款。业主收到最终支付证书，经审查无误，在合同规定时间内 42 天向承包人付款。

注意：《公路工程国内招标文件范本》(2003 年版)和 FIDIC 合同条款中有关具体时间是不一样的。

4. 支付的项目

详见交通部监理培训教材《工程费用监理》。

首先应该清楚支付的种类，详见交通部监理培训教材《工程费用监理》P122—132，其中要特别注意 P122 的按支付内容划分为：工程量清单支付和合同支付。对于清单支付，其关键在于清楚工程计量，重点看看“暂定金额 F58.1”和“计日工”的支付问题就可以了(详见交通部监理培训教材《工程费用监理》P123—125)；难点在于合同支付项目的支付问题。重点注意如下一些项目：

1)开工预付款

《工程费用监理》P125—126。

开工预付款是一项由业主提供给承包人用作开办费用的无息贷款。其目的是为了减轻承包人资金周转的压力。

(1)支付规定

①签订合同协议书。

②提交履约的银行保单。

③承包人项目经理的签字及起用的有关印章还必须进行了合法的授权。

(2)支付

动员预付款支付的金额与投标书附录中的金额相同。一般在第一期期中支付来完成。根据目前承包人在使用动员预付款的情况，将动员预付款分次支付应比较好。

(3)动员预付款的扣回

一般有两种方法在期中支付中扣回。

①第一种方法：按时间，即在一定的时间内予以扣回。

其计算公式为：

$$G = F/[E-(D-1)-3]$$

注意：a. 这个公式在工程进行了延期时应该进行修改。

b. 该种方法在实际使用中，由于有可能出现承包人几个月才作一次支付的情况，从而就会出现扣回动员预付款后支付申请为负数的情况。故更多的采用第二种方法。

②第二种方法:按金额,即在一定的工程支付金额范围内予以扣回。

其计算公式为:

$$G = \frac{B}{\text{全同价} \times 60\%} \times M$$

2)材料预付款

《工程费用监理》P126—129。

(1)支付条件

首要条件是承包人申请的材料垫付项目必须是合同规定的材料,其次才是教材《工程费用监理》P126 的几点。

(2)支付方法

一般在期中支付中按票据法进行支付,支付票据的 75%。

(3)材料预付款支付的注意事项

教材《工程费用监理》P128—129。

(4)材料预付款的扣回

在期中支付中扣回,一般有两种方法:

①进入永久工程的当月扣回,进入多少,扣回多少。这种方法计量麻烦。

②本期垫付的材料款,在今后几期中等额扣回,不论是否进入永久工程。这种方法十分简便,现场采用较多。

3)保留金

(1)保留金的定义及作用

教材《工程费用监理》P129。

注意:①只对永久工程款才扣留保留金,动员预付款和材料预付款不扣保留金;

②保留金是业主为了使承包人能完全履行合同而对承包人应得款项的一种暂时扣留。

(2)保留金的扣留

一般在期中支付中进行。教材的扣留方法有问题:一是每期扣留的百分比过高,不利于承包人的资金周转;二是无法保证因工程变更而带来的对合同价的影响而产生的对保留金的金额的变化。一般最高限额为合同价的 5%。

(3)保留金的使用

教材《工程费用监理》P129。

(4)保留金的返还

教材《工程费用监理》P129。

注意:在工程缺陷责任期满后,保留金不一定还有 2.5%。F60.3。

4)索赔费用

教材《工程费用监理》P130 以及 P150—163。

其支付仍在期中支付中进行。

5)拖期违约损失偿金

教材《工程费用监理》P130—131 以及 P172—175。

(1)有关规定

F47.1 及 F47.2,教材《工程费用监理》P130—131。

(2)拖期违约损失偿金的限额

教材《工程费用监理》P131。

一般最高限额为合同价的10%。

(3)支付

一般在期中支付中进行。教材《工程费用监理》P131。

6)迟付款利息

F60.10(期中为28天,最终支付为56天),教材《工程费用监理》P131。

这种支付是对业主的一种约束。

7)工程变更费用

教材《工程费用监理》P129—130以及P138—150。

8)价格调整费用

教材《工程费用监理》P130以及P163—172。

注意价格调整的方法有两种:票证法和公式法,常用的方法是公式法。

公式法的一般计算公式为:

$$TJE = ZFE \times ZH = ZFE \times (C_0 + \sum C_i B_i - 1)$$

式中:TJE——调价金额;

ZFE——已支付金额(应参与调价的已支付的部分合同价);

C_0——非调整因子,即支付中不进行调整的部分金额的权重,引入此非调整因子 C_0 的理由是:

a.合同价中的利润、上交管理费等不随合同价中其他部分存在风险;

b.承包人应承担部分涨价风险;

c.不(未)涨价部分,承包人应提前采购;

d.合同开始时的费用不应涨价;

e.补偿由于公式不准确,可能多给承包人的那部分费用。

C_i——影响价格的各种材料或成本要素的加权系数,C_i 的原始定义为

$$C_i = W_i / \sum W_i$$

其中:W_i——人工、设备、材料等某种影响要素的分组金额;

$\sum W_i$——所有影响要素的总金额。

由于各种影响要素的加权系数之和应等于1,即在引入了非调整因子 C_0 后应满足条件 $C_0 + \sum W_i = 1$,又由于实际项目中不参与调价的部分金额的权重并不与事先确定的非调整因子完全一致,那么 C_i 的调整计算式为:

$$C_i = \frac{W_i}{\sum W_i} \times \frac{(1 - C_0)}{\sum \frac{W_i}{\sum W_i}}$$

而综合调价系数中:

其中 B_i——称为人工、设备、材料等因素的现价与基价之比,其值为 $B_i = P1_i / P0_i$;

$P1_i$——某种影响因素的现价指数;

$P0_i$——某种影响因素的基价指数。

一般采用省(市)统计局每年发布的“建筑产业价格指数”。

5. 合同条款中有关支付的重要条款

《公路工程国内招标文件范本》(2003 年版)“合同通用条款”中关于支付的重要条款:

1)(60.1)承包人应在每月末向监理工程师提交由其项目经理签署的按监理工程师批准格式填写的月结账单一式6份,该结账单包括以下栏目,承包人应逐项填写清楚:

(1)自开工截至本月末止已完成的工程价款;

(2)自开工截至上月末已完成的(已实际结算的)工程价款;

(3)本月完成的(应结算的)工程价款,即(1)-(2);

(4)本月完成的(应结算的)计日工价款;

(5)本月应支付的暂定金额价款;

(6)本月应支付的(按60.7 款)已进场将用于或安装在永久工程中的材料、设备预付款;

(7)根据合同规定,本月应结算的其他款项;

(8)费用和法规的变更发生的款额(按第70 条规定办理);

(9)本月应扣留的保留金和扣回的材料、设备预付款及开工预付款(分别按60.3,60.8,60.6 款规定办理);

(10)根据合同规定,本月应扣除的其他款项。

2)(60.2)监理工程师在收到上述月结账单后21 天或专用条款数据表中另有规定的天数内应签发期中支付证书,签发时应写明他认为应该到期结算的价款及需要扣留和扣回的款额并报业主审批。如果该月应结算的价款经扣留和扣回后的款额少于投标书附录中列明的期中支付证书的最低金额,则该月监理工程师可不核证支付,上述款额将按月结转,直至累计应支付的款额达到投标书附录中列明的期中支付证书的最低金额为止。

3)(60.3)保留金应按投标书附录中规定的百分率乘以第60.1 款的(3)、(4)、(5)、(7)、(8)子款规定承包人应得的款额,从每期应支付给承包人的工程结算款额中扣留,直至保留金的金额达到投标书附录中规定的限额为止。

4)(60.4)在整个工程缺陷责任期满并发给缺陷责任终止证书后14 天内,监理工程师签发保留金支付证书,将保留金退还给承包人。

5)(60.5)在承包人提交了履约担保和签订了合同协议书并提交了开工预付款担保14 天内,监理工程师应按投标书附录中规定的金额签发开工预付款支付证书,并报业主审批。

开工预付款的担保金额应等于开工预付款额,提供这种担保的银行须与前述第10.1 款的要求相同,所需费用由承包人承担。银行保函的正本由业主保存,该保函在业主将开工预付款全部扣回之前一直有效,担保金额将随开工预付款的逐次扣回而减少。

业主应在该支付证书收到后14 天内核批,并支付开工预付款的70% 的价款;在投标文件载明的主要设备进场后,再支付预付款30%。承包人不得将该预付款用于与本工程无关的支出,监理工程师有权监督承包人对该项费用的使用,如经查实承包人滥用开工预付款,业主有权立即通过向银行发出通知收回开工预付款保函的方式,将该款收回。

6)(60.6)开工预付款在期中支付证书的累计金额未达到合同价格的30% 之前不予扣回,在达到合同价格30% 之后,开始按工程进度以固定比例(即每完成合同价格的1%,扣回开工预付款的2%)分期从各月的期中支付证书中扣回,全部金额在期中支付证书的累计金额达到合同价格的80% 时扣完。

7)(60.7)业主应给承包人支付一定比例的材料、设备预付款,以供购进将用于和安装在永久工程中的各种材料、设备之用。此项金额应按投标书附录中写明的主要材料、设备单据所列费用(进口的材料、设备为到岸价,国内采购的为出厂价或销售价,地方材料为堆场价)的百分比支付。其条件是:①材料、设备符合规范要求并经监理工程师认可;②承包人已出具材料、设备费用凭证或支付单据;以及③材料、设备已在现场交货,且存储良好,监理工程师认为材料、设备的存储方法符合要求。则监理工程师应将此项金额作为材料、设备预付款计入下一次的期中支付证书中。这种支付不应被视为是对上述材料或设备的批准。

在预计竣工前3个月,将不再支付材料、设备预付款。

8)(60.8)当材料、设备已用于或安装在永久工程之中时,材料、设备预付款应从期中支付证书中扣回,扣回期不超过3个月。已经支付材料、设备预付款的材料、设备的所有权应属于业主,工程竣工时所有剩余的材料、设备的所有权应属承包人。

9)(60.9)监理工程师可用签发期中支付证书的方式对他过去签发的任何证书作更正或修改。如果监理工程师认为任何正在进行的工程不符合合同要求,监理工程师有权在任何一次期中支付证书中扣除或折减该工程的价款。

10)(60.10)在合同工程交工证书签发后42天之内,承包人应以监理工程师批准的格式向监理工程师提交一份交工结账单,并附上用详细资料说明的证实文件,表明:

(1)合同规定,直到交工证书中写明的交工日期为止按合同完成的全部工程的最终价值;

(2)承包人认为应付给他的其他款项;以及

(3)承包人认为本合同项下(整个合同期)到期应付给他的各项款额的估算值。

上述(3)款各项款额估算值应在完工结账单内单独填报。监理工程师应根据第60.2款规定核证此支付,并报业主审批。这时,如果发生47.1款所述的拖期损失偿金,业主应予扣除。

11)(60.11)在根据第61.1款规定发出缺陷责任终止证书后的28天之内,承包人应以监理工程师批准的格式向监理工程师提交一份最后结账单草案,并附上详细的证实文件,供监理工程师考虑,表明:

(1)根据合同规定已经完成的全部工程的价值;以及

(2)承包人根据合同规定认为应该付给他的任何其他的款项。

如果监理工程师不同意或者不核证最后结账单草案的任一部分,承包人应按监理工程师的合理要求,提交进一步的资料,并对最后结账单草案做出他们之间协商同意的修改,然后由承包人编制,并向监理工程师提交双方同意的最后结账单。

如果根据监理工程师与承包人的讨论和他们之间可能商定的最后结账单草案的修改,很明显存在纠纷,则监理工程师应对最后结账单草案中不存在纠纷的部分(如果有),向业主提交期中支付证书,然后按照第67款解决纠纷。

12)(60.12)在提交最后结账单时,承包人应给业主一份书面清账书,并抄送监理工程师,确认最后结账单中的总金额代表了根据合同规定应付给承包人的全部款项的最后结算。但是该清账书仅在根据第60.13款规定发出的最后支付证书项下的应付款已经支付,和第60.4款内所指保留金已经退还给承包人之后才生效。

13)(60.13)在最后结账单和清账书收到14天之后,监理工程师应签发一份最后支付证书报业主审批,并抄给承包人,说明:

(1)监理工程师认为根据合同规定的最后应付的款额;以及

(2)在对业主以前所付的全部款额和业主根据合同规定应得的全部款项予以确认后,业主欠承包人或承包人欠业主(视具体情况)的差额(如有)。

14)(60.14)业主对承包人由于履行合同或工程实施而产生的或此二者有关的任何问题或事情应不再承担任何责任,除非承包人已在他的最后结账单中列入了索赔要求。

15)(60.15)监理工程师根据本条或合同的其他条款发出的任何中期支付证书项下应付给承包人的款额,业主应该在收到该中期支付证书后21天内或在投标书附录中另有规定并以此为准的天数内支付给承包人;或按第60.13款规定的最后支付证书项下应付给承包人的款额,业主应在收到该最后支付证书42天内支付给承包人。如果业主在上述期限内未能付款,则业主应按投标书附录中规定的利率向承包人支付全部未付款额的利息,付息时间从应付而未付该款额之日算起(不计复利)。本款的规定不影响承包人在第69条项下的合法权利。

16)(61.1)只有签发了缺陷责任终止证书,写明承包人实施和完成本合同工程及其缺陷修复的义务已经完成,并达到合同文件规定的预期要求时,才能认为本合同已经结束。缺陷责任终止证书应由监理工程师核签报经业主同意后,由业主在缺陷责任期终止后21天之内发给(如果在合同工程中某单项工程有单独的缺陷责任期的情况下,则为最迟的那个缺陷责任期的终止)。或者根据第49和第50条的规定,任何已指令进行修复的工程已经完成,并达到合同文件规定的预期要求后尽快签发。此缺陷责任终止证书应视为构成本合同工程已经完成的批准文件。

17)(62.1)颁发了缺陷责任终止证书后工程进入保修期,承包人和业主仍应负责履行合同规定的责任和义务。在工程保修期终止后28天内,由监理工程师签发保修期终止证书。

(五)例题

1.单项选择题(每题的备选项中,只有1个最符合题意)

(1)没有标价的工程量清单由(A)提供。

A.招标人　　B.建设主管部门

C.投标人　　D.监理咨询单位

(2)从性质上来说,标了价的工程量清单是(A)的组成部分。

A.投标文件　　B.招标文件

C.施工设计图纸　　D.可行性报告

(3)不是工程量清单编制依据的是(C)。

A.设计文件　　B.招标文件

C.计价文件　　D.有关的工程施工规范

(4)根据FIDIC合同条件,属于工程量清单项目支付项目的是(B)。

A.动员预付款　　B.暂定金额

C.保留金　　D.价格调整

(5)我国现行的工程量清单计价中,一般采用(C)。

A.工料单价　　B.概算单价

C.综合单价　　D.施工预算单价

(6)投标报价时,工程量清单中没有填入单价或总额价的细目,其费用应视为(A)。

A.分配在工程量清单的其他单价或总额价之中

B.未包含在投标价中

C.包含在暂定金额中

D.以计日工的方式计价

(7)某项目招标文件的工程量清单中有一“拆除旧建筑物”计价细目，工程量为1800m²。承包人在投标时未填报该细目的单价，中标后，施工中实际发生的数量为2500m²。对该工程细目正确的支付是(B)。

A. 超过清单工程量的700m² 按预算价支付

B. 不支付费用

C. 由监理与承包人协商解决

D. 按预算价支付

(8)某灌注桩清孔后沉积层仍超过规定厚度。二次清孔后，孔深增加，浇注后的实际桩长比设计桩长增加1.3m。承包人要求对增加的混凝土量给予计量。监理工程师正确的做法是(D)。

A. 征得业主同意后，准予计量

B. 对承载力有好处，应予计量

C. 计量增加混凝土量的一半

D. 不予计量

2. 多项选择题(每题的备选项中，只有2个或2个以上符合题意，至少有1个错项)

(1)工程量清单的作用是(ABE)。

A. 为投标者提供一个公开、公平、公正的竞争环境

B. 为计价和询价、评标的基础

C. 为工程担保提供依据

D. 为业主提供进行概算的依据

E. 为施工过程中支付工程进度款提供依据

(2)工程量清单的作用主要体现在(ABCD)。

A. 便于招标单位编制标底

B. 为投标人提供报价基础

C. 为工程计量与支付提供依据

D. 为索赔提供依据

E. 为编制施工预算提供依据

(3)工程量清单前言强调工程量清单中有标价的单价或总额价已包括了为实施和完成合同工程所需(ABC)。

A. 工、料、机费用

B. 质检、安装、缺陷修复

C. 管理、保险、利税

D. 劳务涨价费用

E. 材料涨价费用

(4)对进行计量的工程必须满足(BCD)条件。

A. 进度计划要求

B. 计量的项目应符合合同要求

C. 质量必须达到合同规范标准要求

D. 验收手续必须齐全

E. 工程细目已完工

(5)工程计量的依据有(ACDE)。

A. 质量合格证书

B. 工程量清单单价

C. 工程量清单前言

D. 技术规范

E. 设计图纸

(6)在我国公路工程施工监理实行的驻地监理工程师办公室、高级驻地监理工程师办公室以及总监理工程师代表处三级管理模式中，根据计量程序与管理的规定，对计量结果拥有充分否决权的有(BD)。

A. 业主代表
B. 总监理工程师代表
C. 驻地监理工程师
D. 高级驻地监理工程师
E. 造价咨询单位

(7)根据 FIDIC 合同条件的规定,监理工程师在工程费用监理中的职责与权限主要体现在(CE)方面。

A. 工程索赔
B. 投资控制
C. 工程计量
D. 工程变更
E. 工程费用支付

(8)在填筑路堤的土石方数量计量中,对于下列工作内容处理方法正确的有(ABC)。

A. 零填挖路段的翻松、压实不另计量
B. 借土填方,按压实的体积,以立方米计量
C. 临时排水以及超出图纸要求以外的超填,均不计量
D. 零填挖路段的换填土,按天然方的体积,以立方米计量
E. 坡面回填挖台阶的挖方量应进行单独计量

(9)钢筋混凝土和预应力混凝土沉入桩,分不同桩径按桩身的长度,以 m 为单位计量,计价中包括(ABC)。

A. 材料的采备、供应、加工、运输
B. 桩的制作、沉入
C. 桩头处理,无破损检测
D. 钢筋和预应力钢材费用
E. 桩的承载试验

(10)承包人申请计量 6 座通道,其中一座的现浇顶板混凝土强度报告结果未达到设计强度级。承包人引用《公路工程质量检验评定标准》说明此 6 座通道为同一混凝土配合比、同一班组、同一批次浇筑,统计强度是合格的。监理工程师正确的处理方法有(BE)。

A. 强度合格,可予计量
B. 该通道顶板凿掉重做
C. 请示业主,由业主决定
D. 和承包人协商决定
E. 强度不合格,不予计量

(11)按支付内容可将支付分为(BD)。

A. 前期支付
B. 工程量清单内的支付
C. 中期支付
D. 合同支付
E. 最终支付

(12)下列支付属于合同支付的内容有(BCE)。

A. 计日工
B. 工程变更
C. 工程索赔
D. 暂定金额
E. 保留金

(13)监理工程师指令使用计日工时,承包人应每日填写的报表有(ABCD)。

A. 用工清单
B. 材料清单
C. 机械设备清单
D. 费用清单
E. 费用汇总表

(14)动员预付款的支付条件有(ACD)。

A. 签订合同协议书
B. 材料设备已运抵工地现场或监理工程师认可的承包人的生产场地

C. 提交了履约的银行保单

D. 提交了动员预付款的保单

E. 动员预付款将被用于永久性工程

3. 判断题

(1)工程费用监理的核心是计量与支付。 (T)

(2)延期付款利息是对业主支付的一种约束。 (T)

(3)保留金是施工企业支付给业主的赔偿。 (C)

(4)动员预付款是业主提供承包人用于支付施工初期各种费用的一笔低息款额。 (C)

(5)对于清单工程量,是施工生产前的预计数量,不是承包人应予以完成的实际和准确工程量,其准确性高低,影响不大。 (C)

(6)桥梁工程中钢筋骨架所用的分离隔板,支撑钢筋和所有固定位置的钢材,垫块以及焊接、绑扎材料等,均不单独计量与支付。 (T)

(7)已经支付材料预付款的材料,设备的所有权应属于业主。 (T)

(8)动员预付款是一项由业主提供给承包人用作购买材料、设备的无息贷款。 (C)

(9)在桥梁工程施工中,预应力混凝土工程计量时,完工并经验收的预应力混凝土结构的预应力钢材,按图纸所示或预应力钢材表所列数量以千克计量。后张法预应力钢材的长度按两端锚具间的理论长度计算;先张法预应力钢材的长度按构件的长度计算。 (T)

4. 综合分析题

某工程项目由于业主违约,合同被迫终止。终止前的财务状况如下:有效合同价为1000万元,利润目标为有效合同价的5%。违约时已完成合同工程造价800万元。每月扣保留金为合同工程造价的10%,保留金限额为有效合同价的5%。动员预付款为有效合同价的5%(未开始回扣)。承包人为工程合理订购材料50万元(库存量)。承包人已完成暂定项目50万元,指定分包项目100万元,计日工费用10万元,其中承包人对指定分包人的管理费率为10%。承包人设备撤回其国内基地的费用为10万元(未单独列入工程量清单),承包人雇佣的所有人员的遣返费为10万元(未单独列入工程量清单)。已完成的各类工程及计日工均已按合同规定支付。假定该项工程实际工程量与工程量清单表中一致,且工程无调价。

问题:(1)合同终止时,承包人共得到多少暂定金付款?

(2)合同终止时,业主已实际支付各类工程付款共计多少万元?

(3)合同终止时,业主还需支付各类补偿款多少万元?

(4)合同终止时,业主总共应支付多少万元的工程款?

解:(1)承包人共得暂定金付款 = 对指定分包人的付款 + 承包人完成的暂定项目付款 + 计日工费用 + 对指定分包人的管理费

= 100万 + 50万 + 10万 + 100万 × 10%

= 170万

(2)业主已实际支付各类工程付款 = 已完成的合同工程价款 − 保留金 + 暂定金付款 + 动员预付款

= 800万 − 1000万 × 5% + 170万 + 1000万 × 5%

= 800万 − 50万 + 170万 + 50万

= 970万

其中保留金取到限额为止,为1000万 × 5% = 50万,而不是800 × 10% = 80万。

(3)业主还需要支付各类补偿 = 利润补偿 + 承包人已支付的材料款 + 承包人施工设备的遣返费 + 承包人所有人员的遣返费 + 已扣留的保留金

其中，利润补偿 = (1000 万 - 800 万) × 5% = 200 万 × 5% = 10 万元。

承包人已支付的材料款 = 50 万元，业主一经支付，则材料即归业主所有。

承包人施工设备和人员的遣返费因在工程量清单表中未单独列项，所以承包人报价时，应计入总体报价。因此，业主补偿时只支付合理部分。

承包人施工设备的遣返费 = (1000 万 - 800 万) × 10/1000

= 10 万 × 20% = 2 万

承包人所有人员的遣返费 = 10 万 × 20% = 2 万

返还已扣保留金 = 1000 万 × 5% = 50 万

业主还需支付各类补偿款共计 = 10 万 + 50 万 + 2 万 + 1 万 + 50 万

= 114 万

(4)业主共应支付工程款 = 业主已实际支付的各类工程付款 + 业主还需支付的各类补偿付款 - 动员预付款

= 970 万 + 114 万 - 1000 万 × 5%

= 970 万 + 114 万 - 50 万

= 1034 万

第五部分　工程财务管理

一、考试大纲要求

了解:《企业财务通则》和《企业会计准则》的基本内容,施工企业财务报表的内容,如资产负债表、损益表、现金流量表。

熟悉:建设项目融资的基本内容,如融资方式、融资程序、融资成本的分析,资金成本的计算,融资方案的比选,与工程有关的税收与保险规定,施工企业资产的分类和管理,资产评估的常用方法。

掌握:施工企业成本管理的程序和方法。

这部分内容,对于大部分从事工程监理的人员来讲,都比较陌生。考试大纲对该部分虽然做了要求,针对目前的现状,我们认为它不应该是考试的重点,出题的分量不会太多、太难,我们只要掌握一些基本的知识应该可以对付现在的考试了。

二、考点分析与例题

注意:结合交通部监理培训教材《工程费用监理》P38—45 来掌握

(一)考点 1:《企业财务通则》的基本内容

1. 企业财务制度基本体系(由高到低排列如下)

(1)企业财务通则;

(2)行业的财务制度;

(3)企业内部财务管理规定。

2.《企业财务通则》的基本内容

包括总则、资金筹集、流动资产、固定资产、无形资产、递延资产、对外投资、成本和费用、营业收入、利润及其分配、外币业务、企业清算、财务报告与财务评价、附则等十二章,共计四十六条内容。

3. 企业资本金制度

资本金制度是国家围绕资本金的筹集、管理以及所有者的责权利等方面所作的法律规范。

(1)资本金的概念

资本金通俗地讲,就是开办企业的本钱。根据《企业财务通则》规定,资本金是指企业在工商行政管理部门登记的注册资金,即资本金就是注册资金。这实际上明确了资本金确定的原则,要求实收资本与注册资本一致。

(2)资本金的构成

根据财务通则规定,资本金按照投资主体分为国家资本金、法人资本金、个人资本金和外商资本金等。国家资本金为有权代表国家投资的政府部门或者机构以国有资产投入企业形成的资本金;法人资本金为其他法人单位包括企业法人、各社会团体法人以及依法可支配的资产投入企业形成的资本金;个人资本金为社会个人或者本企业内部职工以个人合法财产投入企业形成的资本金;外商资本金为外国投资者以及我国香港、澳门和台湾地区投资者投入企业形成的资本金。

(3)法定资本金

《企业财务通则》规定:"设立企业必须有法定的资本金"。所谓法定资本金,又叫法定最低资本金,是指国家规定的开办企业必须筹集的最低资本金数额,即企业设立时必须要有最低限额的本钱,否则企业不得批准设立。

(二)考点2:《企业会计准则》的基本内容

《企业会计准则》的基本内容包括总则、一般原则、资产、负债、所有者权益、收入、费用、利润、财务报告和附则等十章,共计六十六条。其主要内容可分为会计核算的基本前提、一般原则、会计要素准则和财务报表基本内容四部分。

1. 会计核算的基本前提

会计核算的基本前提,通常也叫基本会计假设,是对会计核算所处的时间、空间环境所作的合理设定。会计核算的基本前提包括会计主体、持续经营、会计分期和货币计量。

会计主体也称为会计实体、会计个体,是指会计信息所反映的特定单位和组织。会计主体规定了会计核算内容的空间范围,典型的会计主体是企业。会计主体与法律主体不是同一概念。一般说来,法律主体往往是会计主体,但会计主体并不一定是法律主体。

2. 会计分期(又称会计期间)

会计分期是指将企业持续不断的施工生产经营活动分割为一个个连续的、长短相同的期间,据以处理经济业务、结算账目和编制财务会计报告。会计年度是基本的会计期间,我国采用的是历年制的会计年度,即以每年的公历1月1日至12月31日作为一个会计年度;除了基本会计期间之外,《企业会计制度》还规定了一些会计中期,即短于1年的会计期间,包括半年度、季度和月度,会计中期的起讫时间也一律以公历的起讫日期为准,例如:年分为两个半年度,即1月1日至6月30日为一个半年度,7月1日至12月31日为一个半年度。

3. 货币计量

货币计量是指企业在会计核算过程中采用货币为计量单位,记录和反映企业的施工生产经营活动。我国《企业会计制度》规定:"会计核算应以人民币为记账本位币,业务收支以人民币以外的货币为主的企业,可以选定其中一种货币作为记账本位币,但是编报的财务会计报告应当折算为人民币。在境外设立的中国企业向国内报送的财务会计报告,应当折算为人民币。"

4. 会计核算的一般原则

会计核算的一般原则是指在会计核算前提条件下进行会计核算应遵循的基本要求,也是衡量会计核算工作质量的标准和要求。根据《企业会计准则》,我国会计核算的一般原则包括以下内容。

(1)客观性原则

客观性原则是指企业会计核算应当以实际发生的交易或事项为依据,如实反映企业的财务状况、经营成果和现金流量。

(2)可比性原则

可比性原则是指企业的会计核算应当按照规定的会计处理方法进行,会计指标应当口径一致、相互可比。

(3)一贯性原则

一贯性原则是指企业的会计核算方法前后各期应当保持一致,不得随意变更。如有必要变更,应当将变更的内容和理由、变更的累积影响数,以及累积影响数不能合理确定的理由等,在会计报表附注中予以说明。

(4)相关性原则

相关性原则是指企业提供的会计信息应当能够反映企业的财务状况、经营成果和现金流量,以满足会计信息使用者的需要。

(5)及时性原则

及时性原则是指企业的会计核算应当及时进行,不得提前或延后。

(6)明晰性原则

明晰性原则是指企业的会计核算和编制的财务会计报告应当清晰明了,便于理解和利用。

(7)权责发生制原则

权责发生制原则是指企业的会计核算应当以权责发生制为基础。凡是当期已经实现的收入和已经发生或应当负担的费用,不论款项是否收付,都应当作为当期的收入和费用;凡是不属于当期的收入和费用,即使款项已在当期收付,也不应当作为当期的收入和费用。

(8)配比原则

配比原则是指企业在进行会计核算时,收入与其成本、费用应当相互配比,同一会计期间内的各项收入和与其相关的成本、费用,应当在该会计期间内确认。

(9)谨慎性原则

谨慎性原则是指企业在进行会计核算时,应当遵循谨慎性原则的要求,不得多计资产或收益、少计负债或费用,也不得计提秘密准备。

(10)实际成本原则

实际成本原则是指企业的各项财产在取得时应当按照实际成本计量。其后,各项财产如果发生减值,应当按照企业会计制度规定计提相应的减值准备。除了法律、行政法规和国家统一的会计制度另有规定者外,企业一律不得自行调整其账面价值。

(11)划分收益性支出与资本性支出原则

划分收益性支出与资本性支出原则是指企业的会计核算应当合理划分收益性支出与资本性支出的界限。凡支出的效益仅及于本年度(或一个营业周期)的,应当作为收益性支出;凡支出的效益及于几个会计年度(或几个营业周期)的,应当作为资本性支出。

(12)重要性原则

重要性原则是指企业的会计核算应当遵循重要性原则的要求,在会计核算过程中对交易或事项应当区别其重要程度,采用不同的核算方式。对资产、负债、损益等有较大影响,并进而影响财务会计报告使用者据以作出合理判断的重要事项,必须按照规定的会计方法和程序进行处理,并在财务会计报告中予以充分、准确地披露;对于次要的会计事项,在不影响会计信息真实性和不至于误导财务会计报告使用者作出正确判断的前提下,可适当简化处理。

(13)实质重于形式原则

实质重于形式原则是指企业应当按照交易或事项的经济实质进行会计核算,而不应当仅仅按照它们的法律形式作为会计核算的依据。包括真实性原则、相关性原则、可比性原则、一致性原则、及时性原则、明晰性原则、权责发生制原则、配比性原则、谨慎性原则、实际成本核算原则、划分收益性支出与资本性支出原则、重要性原则，共13原则。

重点注意：权责发生制，谨慎性原则。

5. 会计六要素

会计要素包括资产、负债、所有者权益、收入、费用和利润，具体分为以下两类：

（1）反映财务状况的要素

财务状况是指企业在某一日期经营资金的来源和分布情况，一般通过资产负债表反映。反映财务状况的要素由资产、负债和所有者权益三个要素构成。

（2）反映经营成果的要素

经营成果是指企业在一定时期内的生产经营活动的结果，是企业生产经营过程中取得的收入与耗费相比较的差额，一般通过利润表反映。经营成果的要素由收入、费用和利润三个要素反映。

6. 会计等式

会计等式也称会计恒等式，是运用数学方程的原理来描述会计对象的具体内容，即各有关会计要素之间数量关系的一种表达式。会计等式一般包括以下内容：

（1）静态会计等式

静态会计等式是由静态会计要素（资产、负债、所有者权益）组合而成的会计等式，也是反映企业一定时点上财务状况的会计等式。可用公式表示为：

资产＝权益

资产＝债权人权益＋所有者权益

资产＝负债＋所有者权益

上述会计等式就是静态会计等式，企业资产的数额，完全取决于负债和所有者权益的数额，因此，资产和权益在任何时候都是相等的。即使企业发生任何经济活动，也不会破坏这一恒等关系。它表明企业在某一特定时点所拥有财产状况，明确了资产、负债和所有者权益三者之间的关系，是会计工作中设置会计科目和账户、复式记账、会计核算和编制财务会计报告的重要理论依据。

（2）动态会计等式

动态会计等式是由动态会计要素（收入、费用、利润）组合而成的会计等式，也是反映企业一定经营期间经营成果的会计等式。可用公式表示如下：

收入－费用＝利润（或亏损）

这一会计等式就是动态会计等式，它表明了企业在一定期间内的经营成果与相应期间的收入和费用之间的关系。

（三）考点3：财务基本报表的内容

财务报表是反映企业财务状况和经营成果的总结性书面文件，包括资产负债表、损益表、现金流量表、有关附表及财务情况说明书。

1. 资产负债表

资产负债表是反映企业在某一特定日期财务状况的报表。资产负债表按月报送，一般反映的是企业月末、季末、半年末、年末的财务状况，它属于静态会计报表。

资产负债表以“资产＝负债＋所有者权益”这一会计等式为依据，按照一定的分类标准和一定的次序，把企业在一定日期的资产、负债和所有者权益项目予以适当排列编制而成。

其作用主要表现在以下几个方面：

(1)资产负债表能够说明企业在某一特定日期所拥有的各种资源总量及其分布情况；

(2)资产负债表能够显示企业在某一特定日期所负担债务的数额、需要偿还债务期限的长短以及企业偿还债务的能力；

(3)资产负债表能够表明企业在某一特定日期所拥有净资产的数额,以及企业所有者权益的构成情况；

(4)资产负债表能够反映企业在某一特定日期的资产总额和权益总额,从企业资产总量方面反映企业的财务状况,进而分析、评价企业未来的发展趋势。

可计算以下比率指标,有助于判断企业的偿债能力情况：

(1)资产负债率=(负债总额/资产总额)×100%。较好的资产负债指标是60%。

(2)流动比率=(流动资产/流动负债)×100%。国际公认的标准比率是200%。

(3)速动比率=(速动资产/流动负债)×100%。国际公认的标准比率是100%。

2. 损益表

损益表是反映企业在一定期间内经营成果及其分配情况的报表,是以"利润=收入-费用"这一会计等式为依据,反映出工程结算利润、营业利润、利润总额和净利润四个层次。它属于动态报表。

其作用主要表现在以下几个方面：

(1)能反映企业在一定期间的收入和费用情况以及获得利润或发生亏损的数额,表明企业收入与产出之间的关系；

(2)通过损益表提供的不同时期的比较数字,可以分析判断企业损益发展变化的趋势,预测企业未来的盈利能力；

(3)通过损益表可以考核企业的经营成果以及利润计划的执行情况,分析企业利润增减变化原因。

相关计算如下：

(1)工程结算收入-工程结算成本-工程结算税金及附加=工程结算利润

(2)工程结算利润+其他业务利润-管理费用-财务费用=营业利润

(3)营业利润+投资收益+营业外收入-营业外支出+以前年度损益调整=利润总额

(4)利润总额-所得税=净利润

3. 现金流量表

(1)概念和作用

现金流量表是反映企业一定会计期间现金和现金等价物流入和流出的会计报表,它属于动态的会计报表。企业编制现金流量表是为会计报表使用者提供企业一定会计期间内现金和现金等价物流入和流出的信息,反映企业经营活动、投资活动和筹资活动的动态情况,以便于报表使用者了解和评价企业获取现金和现金等价物的能力,并据以预测企业未来的现金流量。

(2)现金流量表编制原则

收付实现制原则。

(3)企业的现金流量分类

一般可以分为三类,即经营活动产生的现金流量、投资活动产生的现金流量和筹资活动产生的现金流量。就施工企业来说,经营活动主要包括：承发包工程、销售商品、提供劳务、经营性租赁、购买材料物资、接受劳务、支付税费等。经营活动流入的现金主要包括：①承包工程、销售商品、提供劳务收到的现金(扣除因销货退回支付的现金);②收到的税费返还;③收到的其他与经营活动有关的现金。经营活动流出的现金主要包括:①发包工程、购买商品、接受劳务支付的现金;②支付给职工以及为职工支付的现金;③支付的各项税费;④支付的其他与经营活动有关的现金。

(四)考点4:建设项目融资

1.融资方式

融资方式,是指企业取得资金的具体形式。目前,企业融资资金的方式除传统的国家拨款、银行和金融机构的贷款、内部积累以外,还有发行股票、发行债券、租赁、商业信用和利用外资等方式,即所谓的社会集资。

1)发行股票

股票是股份公司为筹集自有资金而发行的有价证券,是持股人拥有公司股份的入股凭证。股票持有者为企业的股东。企业单位购买的股票为法人股,个人购买的股票为个人股,而国家以控股方式对企业进行的投资则为国家股。企业可以发行不同的股票,股票种类不同,决定持有人对企业权益的不同。

2)发行企业债券

企业债券是企业为了筹集资金,依照法定的程序约定一定期间按票面金额还本付息的一种有价凭证,是持有人可以定期获得利息和到期偿还本金的证明书。

3)租赁

租赁是出租人以收取租金为条件,在契约合同规定的期限内,将资产租让给承租人使用的业务活动。企业资产的租赁按其性质划分有经营性租赁和融资性租赁两种。

(1)经营性租赁,是出租方向承租方提供资产的使用权,收取一定租金的服务性业务,也有一定的短期融资作用。

(2)融资性租赁,是一种长期租赁。是指由租赁公司按承租单位要求出资购买设备,在较长的契约或合同期内提供给承租单位使用的信用设备。它是以融通资金为主要目的的租赁。它是以融物代替融资,是企业筹集资金的一种方式。从企业筹资要求来说,融资性租赁比经营性租赁更有优越性。这主要是承租企业可以不必先筹资购买设备,即可通过租赁形式直接取得资产的使用权,而所付租赁费用(租金)比资产的原值要小得多,可节省固定资金的大量投入,达到花钱少,效益高的目的。

(3)商业信用,是指商品交易中以延期付款或预收货款进行购销活动而形成的借贷关系,是企业之间的直接信用行为。它也是企业筹集短期资金的一种方式。商业信用的方式主要有应付账款、商业汇票、票据贴现、预收货款等。

注意:结合交通部公路监理培训教材《工程费用监理》P14—P18 的内容来复习,特别注意项目融资中的 BOT 方式及公开发行债券方式。

2.项目融资程序

(1)投资决策分析;

(2)融资决策分析;

(3)融资结构分析;

(4)融资谈判;

(5)项目融资的执行。

3. 融资成本分析及融资方案的比选

(1)贷款成本；

(2)债券成本；

(3)股票成本；

(4)租赁成本；

(5)企业利润留存的成本。

最佳的融资方案，是指即使企业达到最佳资本结构，筹资成本最低，又使企业所面临的筹资风险最小。

4. 资金成本的计算

资金成本是指企业为筹集和使用资金而付出的代价。资金成本包括资金筹集费和资金占用费两部分。资金筹集费是指在资金筹集过程中支付的各项费用，如银行的借款手续费，发行股票、债券支付的印刷费、代理发行费、律师费、公证费、广告费等。资金占用费是指占用资金支付的费用，如股票的股利、银行借款利息和债券利息等。相比之下，资金占用费是筹资企业经常发生的，而资金筹集费通常在筹集资金时一次性发生，因此在计算资金成本时可作为筹资金额的一项扣除。

1)资金成本的表示方式

资金成本可以用绝对数表示，也可以用相对数来表示。

(1)绝对数表示方法

绝对数表示方法是指为筹集和使用资金到底发生了多少费用。

(2)相对数表示方法

相对数表示方法是通过资金成本率指标来表示的，资金成本率简称资金成本，是指企业取得资金的净额（取得资金总额扣除筹资费用后的差额）的现值与各期支付的使用费现值相等时的贴现率。在财务管理中一般用相对数表示资金成本，即资本成本率，在不考虑时间价值的情况下，资本成本是指资金的使用费用占筹资净额的比率。其计算公式为：

$$资金成本 = 资金使用费用/[筹资总额(1 - 筹资费用率)]$$

2)资金成本的计算模式

(1)个别资金成本

个别资金成本是指使用各种长期资金的成本，具体包括长期借款成本、债券成本、普通股成本和留存收益成本。前两种为负债资金成本，后两者为权益资金成本。当企业在多种筹资方式中选择其一时，要分别计算各种筹资方式的个别资金成本，并从中选取资金成本最低的方式。

(2)加权平均资金成本

加权平均资金成本也称综合资金成本，是指企业以个别资金成本为基数，以各种来源资本占全部资本的比重为权数计算的，以各种方式筹集的全部长期资金的总成本。其中，个别资本占全部资本的比重，即权数的确定方法有账面价值法、市场价值法和目标价值法。当企业有多种筹资方案且每一方案下又有多种筹资方式时，由于个别资金成本有高低差异，为了判断资本结构的合理性，需要计算确定加权平均资金成本。

(五)考点5：施工企业资产分类和管理

资产是指过去的交易、事项形成并由企业拥有或控制的资源，该资源预期会给企业带来经济利益。资产是一项经济资源，凡是由过去的交易、事项所形成的，有助于企业目前和未来的生产经营活动，预期能给企业带来经济效益，企业拥有使用权或控制权，并且能够以货币进行合理计量的经济资源，都应当作为资产予以确认。

1. 资产的分类

可以分为流动资产、固定资产、无形资产和递延资产。

1）流动资产

流动资产是指可以在1年或者超过1年的一个营业周期内变现或者耗用的资产，构成流动资产的项目主要包括货币资金、短期投资、应收及预付款项、待摊费用、存货等。存货包括：材料、设备、低值易耗品、在建工程、在产品、产成品、商品。

流动资产的管理：

（1）货币资金：特别注意其安全性，加强内部管理和监督，加强货币资金的日常核算，保证账款相符。

（2）短期投资：应注意慎重选择投资机会，避免投资风险。

（3）应收及预付账款：能够给企业带来积极影响，但同时会使企业牺牲一定的经济利益。

（4）存货：ABC 管理法、经济采购批量。

2）固定资产

固定资产是指企业使用期限超过一年的房屋、建筑物、机器、机械、运输工具以及其他与生产、经营有关的设备、器具、工具等。不属于生产经营主要设备的物品，但单位价值在2000元以上，并且使用年限超过两年的，也应当作为固定资产。固定资产的价值随着使用的磨损程度，逐渐地、部分地转化为受益期间的费用。

固定资产的管理主要涉及到固定资产折旧和固定资产修理：

（1）固定资产折旧：按有关折旧规定进行处理。

（2）固定资产中小修（经常修理）：特点是经常性、间隔时间短、修理范围小、费用支出少，在发生时一次计入成本费用。

（3）固定资产大修：其特点是间隔时间长、修理范围大、费用多、具有固定资产局部再生性质。

3）无形资产

无形资产是指企业为生产商品、提供劳务、出租给他人，或为管理目的而持有的、没有实物形态的非货币性长期资产。无形资产主要包括专利权、商标权、著作权、土地使用权、非专利技术、特许权、名誉等。

无形资产的管理主要涉及无形资产计价和摊销：

（1）无形资产计价：按取得时的实际成本计价。

（2）无形资产摊销：从开始受益之日起，在有效期限内平均摊入管理费用。

4）递延资产

是指不能全部计入当年损益，应当在以后年度内分期摊销的各项费用，包括开办费、以经营租赁方式租入的固定资产的改良支出，摊销期在一年以上的固定资产修理支出以及其他待摊费用递延资产摊销：采用直线法平均计算每期的摊销额，作为管理费用入账。

2. 固定资产折旧

企业的固定资产可以长期参加施工生产过程并保持其原有的实物形态，而其价值则随着固定资产的使用逐渐地、部分地转移到工程成本或企业的期间费用中去，这部分逐渐转移的价值就是固定资产折旧，它将随着产品销售收入的实现而得到补偿。

1）固定资产计提折旧的范围

（1）计提折旧的固定资产，包括房屋及建筑物，在用的施工机械、运输设备、生产设备、仪器仪表、工具器具,季节性停用、大修理停用的固定资产、融资租赁方式租入和经营租赁方式租出的固定资产,未使用和不需用的固定资产。

(2)不计提折旧的固定资产,包括已提足折旧仍继续使用的固定资产,按照规定单独估价作为固定资产入账的土地。

在会计实务中,企业一般应按月计提固定资产折旧。当月增加的固定资产,当月不计提折旧,从下月起计提折旧;当月减少的固定资产,当月照提折旧,从下月起停止计提折旧。提前报废的固定资产,不补提折旧;当固定资产提足折旧后,不论能否继续使用,均不再提取折旧。

2)影响固定资产折旧的因素

影响固定资产折旧的因素主要有三个方面,即折旧的基数、固定资产的预计净残值和固定资产的预计使用年限。

3)固定资产折旧的计算方法

施工企业计提固定资产折旧,一般采用平均年限法和工作量法。对技术进步较快或使用寿命受工作环境影响较大的施工机械和运输设备,可以采用双倍余额递减法或年数总和法计提折旧。

(1)平均年限法

平均年限法是指按固定资产预计使用年限平均计算折旧的一种方法。采用这种方法计算的每期(年、月)折旧额都是相等的。其计算公式如下:

固定资产年折旧率 = (固定资产原值 - 预计净残值)/(固定资产原值 × 固定资产预计使用年限) × 100%

或 = (1 - 预计净残值率)/固定资产预计使用年限 × 100%

固定资产月折旧率 = 固定资产年折旧率 ÷ 12

固定资产月折旧额 = 固定资产原值 × 固定资产月折旧率

(2)工作量法

工作量法是按照固定资产预计可完工的工作量计提折旧额的一种方法。这种方法实际上是平均年限法的一种演变。其基本计算公式如下:

单位工作量折旧额 = [固定资产原值 × (1 - 预计净残值率)]/预计总工作量

某项固定资产月折旧额 = 该项固定资产当月工作量 × 单位工作量折旧额

施工企业常用的工作量法有以下两种方法:

①行驶里程法

行驶里程法是按照行驶里程平均计算折旧的方法,它适用于车辆、船舶等运输设备计提折旧。其计算公式如下:

单位里程折旧额 = [固定资产原值 × (1 - 预计净残值率)]/总行驶里程

某项固定资产月折旧额 = 该项固定资产当月行驶里程 × 单位里程折旧额

②工作台班法

工作台班法是按照工作台班数平均计算折旧的方法。它适用于机器、设备等计提折旧。其计算公式如下:

每工作台班折旧额 = [固定资产原值 × (1 - 预计净残值率)]/总工作台班

某项固定资产月折旧额 = 该项固定资产当月工作台班 × 每工作台班折旧额

(3)双倍余额递减法

双倍余额递减法,是在不考虑固定资产净残值的情况下,根据每期期初固定资产账面价值和双倍的直线法折旧率计算固定资产折旧的一种方法。采用这种方法,固定资产账面价值随着折旧的计提逐年减少,而折旧率不变,因此,各期计提的折旧额必然逐年减少。其计算公式如下:

$$固定资产年折旧率 = 2 \div 固定资产预计使用年限 \times 100\%$$

$$固定资产月折旧率 = 固定资产年折旧率 \div 12$$

$$固定资产月折旧额 = 固定资产账面价值 \times 月折旧率$$

采用双倍余额递减法计提折旧的固定资产，应当在固定资产使用后期，当发现某期按双倍余额递减法计算的折旧小于该期剩余年限按直线法计提的折旧时，改用直线法计提折旧，即将固定资产净值扣除预计净残值后按剩余年限平均摊销。

(4)年数总和法

年数总和法是将固定资产的原值减去净残值后的净额乘以一个逐年递减的分数计算每年折旧额的一种方法。逐年递减分数的分子为该项固定资产年初时尚可使用的年数，分母为该项固定资产使用年数的逐年数字总和，假设使用年限为 N 年，分母即为 $1+2+3+\cdots+N=N(N+1)/2$。这个分数因逐年递减，为一个变数。而作为计提折旧依据的固定资产原值和净残值则各年相同，因此，采用年数总和法计提折旧各年提取的折旧额必然逐年递减。其计算公式如下：

$$固定资产折旧率 = \frac{预计使用年限 - 已使用年限}{(预计折旧年限 \times 预计折旧年限 + 1) \div 2} \times 100\%$$

$$或 = \frac{固定资产尚可使用年数}{固定资产预计使用年限的年数总和} \times 100\%$$

$$固定资产月折旧率 = 固定资产年折旧率 \div 12$$

$$固定资产月折旧额 = (固定资产原值 - 预计净残值) \times 月折旧率$$

3. 资产评估的常用方法

1)资产评估的概念

资产评估是指由专门机构和人员按照国家有关法律，根据特定目的，遵循一定的原则、标准和程序，运用科学的方法，重新确定资产价格的活动。资产评估是一种动态的和模拟市场活动，是对资产时间价值的重新估价，因此，它不受资产按初始成本计价的制约，能较全面、较客观地反映资产的现实价值，为资产的优化管理奠定基础，使企业经营决策有可靠的依据。

资产评估不同于清产核资，清产核资主要是清查资产和核实资金，摸清家底。

2)资产评估的特点

资产评估不受资产按初始成本计价的制约，能较全面、较客观地反映资产的现实价值，具有现时性、市场性、公正性和咨询性等特点。

3)资产评估的方法

(1)成本法：也称重置成本法，是指在资产继续使用的前提下，从估计的更新或重置资产的现时成本中减去应计损耗而求得的一个价值指标的方法。

(2)收益法：也称收益现值法，它是通过估算被评估资产的未来预期收益，并折算成现值，借此来确定资产价值的一种评估方法。

(3)市场比较法：是以现实市场上同类资产的现行市场价格为基础，借此确定资产价值的一种评估方法。

4)几种评估方法的适用范围

成本法的使用必须满足以下条件：

(1)评估对象可以再生复制，也就是说，可以重置计价；

(2)评估对象在时间序列中具有陈旧贬值性；

(3)评估对象的实体特征、内部结构及其功能效用与重置的全新资产具有可比性。

收益法的使用也必须满足一些条件：

(1)资产所有者的未来收益必须能用货币衡量，换言之，评估对象是能用货币衡量其未来收益的单项或整体资产；

(2)为未来收益所承担的风险收益也必须是可衡量的。只有当能定量计算出未来收益和风险收益时，才能应用收益法。

市场比较法的使用也需满足必要的条件：

(1)存在一个充分发育的、活跃的、公平的资产市场；

(2)存在近期的、可比的、已成交的参照物，而且，参照物与评估对象相比较的指标、技术参数等资料是可搜集的。

(六)考点6:施工企业成本管理的程序和方法

1.成本与费用的区别

费用是指企业为销售商品、提供劳务等日常活动所发生的经济利益的流出，具体表现为资产的减少或负债的增加。

工程成本是指施工企业在建筑安装工程施工过程中的实际耗费，包括物化劳动的耗费和活劳动中必要劳动的耗费，前者是指工程耗用的各种生产资料的价值，后者是指支付给劳动者的报酬。工程成本是工程造价的重要组成部分，应由工程本身来承担，工程成本的高低，直接体现着企业工程价款中用于生产耗费补偿数额的大小。

成本虽说也是一种耗费，但和费用不是一个概念。成本和费用的区别在于，成本是针对一定的成本核算对象(如某工程)而言的，费用则是针对一定的期间而言的。二者的联系在于，都是企业经济资源的耗费。

2.施工企业成本管理的程序

施工企业成本管理是指对施工企业发生的实际成本通过预测、计划、控制、核算、分析等活动，在满足质量和工期的条件下采取措施不断降低成本，达到成本控制的预期目标。

1)成本预测

根据有关成本费用和各种相关因素，利用一定的预测方法，对未来成本费用做出的科学估计。常用的预测方法有：

(1)定性预测:常用的方法有调查研究判断法(座谈会法、函询调查法)。

(2)定量预测:常用的预测方法有高低点法、加权平均法、回归分析法、量本利分析法。

2)成本计划

根据成本预测和相关资料，做出成本计划，作为成本控制和管理的主要依据。

3)成本控制

在企业生产经营过程中，按照规定的成本费用标准，对影响产品寿命周期成本的各种因素进行严格的监督和调节，及时揭示偏差，并采取措施加以纠正。

4)成本核算

以工程项目为对象，对施工生产过程中各项耗费进行的一系列科学管理活动。核算的方法主要有表格核算方法和会计核算方法。

5)成本分析

根据成本费用核算资料及其他有关资料，全面分析了解成本费用的变动情况，系统研究影响成本费用升降的各种因素及其形成原因，寻找降低成本费用的潜力。最常用的一种成本分析方法为连环代替法(是因素分析法中的一种方法)。

6)成本考核

在财务报告期结束时,通过把报告期成本完成数额与计划指标、定额或预算指标进行对比,来审核和考核成本完成情况,评价成本管理工作的成绩和水平。

3. 成本管理的方法

该部分内容,应详细结合公路监理培训教材《工程费用监理》P41-P47 来学习,具体方法有如下几种:

(1)量本利分析法;

(2)比较分析法;

(3)比率分析法;

(4)因素分析法;

(5)差额分析法。

(七)考点7:与工程有关的税收

1. 营业税 = 营业额 × 税率

税率分别取:建筑行业为3%,转让无形资产为5%。

2. 城市维护建设税 =(增值税 + 营业税 + 消费税)× 税率

税率分别取:市区7%,县城镇5%,农村1%。

3. 教育费附加 =(增值税 + 营业税 + 消费税)×3%

4. 所得税 = 应纳税所得额 ×(30% +3%)

5. 增值税 = 当期销项税额 - 当期进项税额

当期销项税额 = 销售额 × 税率(基本税率为17%)

6. 土地增值税

按累进税率计算。

(八)考点8:与工程有关的保险

1. 以业主和承包人联名投保的

(1)工程一切险;

(2)第三方责任险。

2. 以承包人的名义单独投保的

(1)施工人员意外伤害险;

(2)施工设备险。

(九)例题

1. 单项选择题(每题的备选项中,只有1个最符合题意)

(1)我国会计核算的基本规范是(D)。

A.《会计法》 B.《企业会计准则》

C.《企业会计制度》 D.《企业财务通则》

(2)(B)是企业财务体系中最基本、最高层次的法规。

A.《企业会计准则》 B.《企业财务通则》

C.《企业会计制度》 D.《财务管理规定》

(3)划分会计期间的前提是(D)。

A. 会计分期 B. 会计主体 C. 货币计量 D. 持续经营

(4)某工程项目向银行贷款,确定每月向银行返还利息 60 万元,由于该施工企业收回了一笔以前拖欠的工程款,X 年 3 月份就将 3 月、4 月和 5 月三个月共 180 万元利息付给银行,根据会计核算的权责发生制原则,这 180 万元应(B)作为 3 月份的支出。

A. 计入 0 万元　　B. 计入 60 万元

C. 计入 120 万元　　D. 计入 180 万元

(5)同一会计期间内的各项收入和与其相关的成本、费用,应当在该会计期间确认并计入。这是遵循会计核算的(B)。

A. 相关性原则　　B. 配比原则　　C. 明晰性原则　　D. 客观性原则

(6)某工程项目在会计核算时,不同会计期间的纵向比较遵循的是会计核算的(A)。

A. 一贯性原则　　B. 可比性原则　　C. 相关性原则　　D. 客观性原则

(7)企业选择一种不导致虚增资产,多计盈余的做法,所遵循的是(C)。

A. 相关的原则　　B. 真实性原则

C. 谨慎性原则　　D. 债权发生制原则

(8)应收账款计提坏账准备金,其根据是(C)。

A. 权责发生制原则　　B. 客观性原则

C. 谨慎原则　　D. 配比原则

(9)会计信息应当能够反映企业的财务状况,经营成果和现金流量,满足会计信息使用者的需要,这是会计核算的(C)。

A. 及时性原则　　B. 客观性原则

C. 相关性原则　　D. 可比性原则

(10)会计核算应当以实际发生的交易或事项为依据,如实反映企业的财务经营成果和现金流量,这是会计核算的(A)。

A. 客观性原则　　B. 重要性原则　　C. 可比性原则　　D. 相关性原则

(11)工程项目财务状况一般通过资产负债表反映,不属于反映财务状况的会计要素是(D)。

A. 所有者权益　　B. 资产　　C. 负债　　D. 利润

(12)工程项目经营成果一般通过损益表反映,不属于反映经营成果的会计要素是(D)。

A. 利润　　B. 费用　　C. 收入　　D. 负债

(13)属于会计基本等式的是(A)。

A. 资产 = 负债 + 所有者权益

B. 资产 = 收益

C. 资产 = 负债 + 所有者权益 + (收入 - 费用)

D. 资产 = 负债 + 所有者权益 + 利润

(14)反映企业某一时点财务状况的会计要素是(A)。

A. 资产、负债和所有者权益　　B. 收入、支出和利润

C. 资产、负债和利润　　D. 收入、费用和所有者权益

(15)企业资金筹集的关键是(A)。

A. 确定资本结构　　B. 确定筹资数量

C. 确定资金来源　　D. 确定筹资风险

(16)长期借款是指企业根据借款合同向银行或非银行金融机构借入的使用期限在(B)的借款。

A. 一年以上 B. 一年及一年以上

C. 两年及两年以上 D. 两年以上

(17)融资租入固定资产作为企业自有固定资产管理符合(B)会计核算原则。

A. 客观性原则 B. 实质重于形式原则

C. 谨慎性原则 D. 权责发生制原则

(18)融资租赁指租赁期满后,设施或设备的所有权归(A)。

A. 承租人 B. 出租人 C. 第三人 D. 原单位

(19)对于房地产企业的在建房屋,属于企业的(A)。

A. 流动资产 B. 固定资产 C. 短期投资 D. 工程物质

(20)当月新增固定资产,应从(C)计提折旧。

A. 使用当天起 B. 当月起 C. 下月起 D. 使用一年后

(21)固定资产应计折旧总额应等于(D)。

A. 固定资产原值 B. 固定资产出售价

C. 固定资产剩余价值 D. 固定资产原价减预计净残值

(22)某施工企业有120t塔吊一台,原值600000元,预计净残值率5%,估计折旧年限内工作2000台班,某月实际工作5个台班,则台班折旧法下,该塔吊月折旧额为(D)元。

A. 1500 B. 3000 C. 15000 D. 1425

(23)某台设备原值205000元,预计使用8年后尚有残值收入6000元,预计清理费用1000元,由按年数总和法,该设备第2年的月折旧额为(D)元。

A. 26250 B. 25000 C. 2083 D. 3240

(24)某固定资产原值为6万元,预计净残值为0.3万元,使用年限为5年,若采用双倍余额递减法计提折旧,则第二年的应提折旧额为(A)元。

A. 14400 B. 13680

C. 16000 D. 15000

(25)下列方法中属于非加速折旧法的是(B)。

A. 费用摊销法 B. 直线折旧法

C. 年数总和法 D. 双倍余额递减法

(26)以一个固定的基数乘以一个逐期递减的折旧率计算各期固定资产应提折旧额的方法是(D)。

A. 直线法 B. 平均年限法

C. 双倍余额递减法 D. 年数总和法

(27)某项目固定资产原价20000元,预计净残值500元,预计使用年限为5年,采用年数总和法得到的第三年的折旧额为(C)。

A. 6400元 B. 5200元 C. 3900元 D. 4000元

(28)若施工企业亏损,下列(C)可以免交。

A. 营业税 B. 增值税 C. 所得税 D. 城市维护建设税

2. 多项选择题(每题的备选项中,只有2个或2个以上符合题意,至少有1个错项)

(1)会计核算的基本前提是(ABCD)。

A. 会计主体 B. 会计分期

C. 持续经营 D. 货币计量

E. 法律主体

(2)根据《企业会计准则》,属于会计核算一般原则的有(ABCE)。

A. 可比性原则　　B. 相关性原则

C. 客观性原则　　D. 明晰性原则

E. 一贯性原则

(3)根据权责发生制原则,下列收支项目中应作为本期收支核算的有(AC)。

A. 预提本月借款利息 1000 元　　B. 收回应收销贷款 5000 元

C. 支付本月水电费 500 元　　D. 支付下半年度财产保险费 6000 元

E. 支付购料款 6000 元

(4)权责发生制原则的要求是(BC)。

A. 凡是在本期收到和付出的款项,都作为本期收入和费用处理

B. 已经实现的收入无论款项是否收到,都作为本期收入处理

C. 已经发生的费用,无论款项收否实际支付都作为本期费用处理

D. 凡是本期发生的收入,只要没有实际收到款项,都不作为本期收入处理

E. 凡是本期发生的费用,只要没有实际付出款项,都不作为本期费用处理

(5)会计要素中反映财务状况的要素有(ABC)。

A. 所有者权益　B. 负债　C. 资产　D. 收入　E. 利润

(6)会计要素中反映经营成果的要素有(ABC)。

A. 收入　B. 利润　C. 费用　D. 资产　E. 负债

(7)施工企业设立时有最低限额的资本金,可以提供企业资本金的投资主体有(ABCE)。

A. 国家　B. 企业　C. 个人　D. 银行　E. 外商

(8)静态会计要素的要素构成包括(CDE)。

A. 收入　B. 利润　C. 负债　D. 资产　E. 所有者权益

(9)动态会计要素的要素构成包括(ACE)。

A. 利润　B. 负债　C. 收入　D. 资产　E. 费用

(10)下列等式中,符合资产与权益的平衡关系原理的有(CD)。

A. 资产 = 负债 + 所有者权益 + 利润

B. 资产 = 债权人权益 + 投资人权益

C. 资产 - 负债 = 所有者权益

D. 资产 - 所有者权益 = 负债

E. 资产 = 负债 + 所有者权益 + (收入 - 费用)

(11)下列项目中,属于会计要素的有(ABCE)。

A. 资产　B. 负债　C. 收入　D. 税金　E. 所有者权益

(12)属于资产负债表的评价指标的有(CDE)。

A. 投资利润率　　B. 投资利税率

C. 资产负债率　　D. 流动比率

E. 速动比率

(13)施工企业进行资金筹措的方法有(ACDE)。

A. 短期银行借款　　B. 自行民间集资

C. 长期借款筹资　　D. 商业信用筹资

E. 发行股票

(14)下列费用中属于资金筹集成本的有(ABCE)。

A. 股票发行代理费　　B. 银行借款利息

C. 债券发行代理费　　D. 股东红利

E. 股票发行广告费

(15)资金成本是资金使用人为获取资金而付出的代价,由(AE)组成。

A. 资金筹集成本　　B. 资本金成本

C. 自有资金成本　　D. 借入资金成本

E. 资金使用成本

(16)属于施工企业固定资产的有(AE)。

A. 施工大型机械　　B. 建造完工预移交发包单位的楼房

C. 施工用模板　　D. 临时设施

E. 公司办公用房屋

(17)固定资产按所有权分类可分为(DE)。

A. 经营用固定资产　　B. 未使用固定资产

C. 经营租出固定资产　　D. 租入固定资产

E. 自有固定资产

(18)下列关于企业固定资产分类的表述正确的有(BDE)。

A. 企业专设的科学研究机构的设备属于生产用固定资产

B. 融资租赁的固定资产在租赁期内视同企业原有固定资产

C. 存放在车间备用的机器设备属于不需用的固定资产

D. 本企业出租给外单位的设备视为使用中的固定资产

E. 管理用具属于非生产用固定资产

(19)应计提折旧的固定资产有(ABC)。

A. 大修理停用固定资产　　B. 未使用固定资产

C. 房屋及建筑物　　D. 经营租入固定资产

E. 已提折旧继续使用固定资产

(20)不计提折旧的固定资产范围包括(CD)。

A. 不需用固定资产

B. 以融资租赁方式租入的固定资产

C. 以经营租赁方式租入的固定资产

D. 已提足折旧但继续使用的固定资产

E. 因修理停用的固定资产

(21)影响固定资产折旧的因素有(ABCD)。

A. 折旧基数　　B. 预计使用年限

C. 预计残余价值　　D. 预计清理费

E. 固定资产磨损

(22)属于加速折旧法的有(CD)。

A. 直线法　　B. 工作台班法

C. 双倍余额递减法　　D. 年数总和法

E. 平均年限法

(23)资产评估的常用方法有(ABC)。

A. 成本法　　B. 收益法

C. 市场比较法　　D. 量本利分析法

E. 差额分析法

(24)属于施工企业成本管理内容的有(ABCD)。

A. 成本预测　　B. 成本计划

C. 成本控制　　D. 成本分析

E. 成本回收

(25)施工企业成本管理的常用方法有(BDE)。

A. 成本法　　B. 因素分析法

C. 市场比较法　　D. 比较分析法

E. 比率分析法

3. 判断题

(1)《企业财务通则》规定,设立企业必须有法定的资本金。 (T)

(2)会计年度是基本的会计期间,我国采用的是历年制的会计年度,即以每年的公历1月1日至12月31日作为一个会计年度。 (T)

(3)会计核算的权责发生制原则含义是:凡是当期已经实现的收入和已经发生或应当负担的费用,不论款项是否收付,都应当作为当期的收入和费用;凡是不属于当期的收入和费用,即使款项已在当期收付,也不应当作为当期的收入和费用。 (T)

(4)会计核算谨慎性原则是指企业在进行会计核算时,应当遵循谨慎性原则的要求,不得多计资产或收益、少计负债或费用,也不得计提秘密准备。 (T)

(5)通过发行股票筹资,可以提高企业的财务信用,且融资风险小,但会降低原有股东的控制权。 (T)

(6)成本和费用的区别在于,成本是针对一定的期间而言的,费用则是针对一定的成本核算对象(如某工程)而言的。二者的联系在于,都是企业经济资源的耗费。 (C)

(7)以业主和承包人联名投保的保险险种有:①工程一切险;②施工设备险。 (C)

第六部分　施工合同管理

一、考试大纲要求

熟悉:施工合同的类型、特点,FIDIC《土木工程施工合同条件》的内容,施工进度计划的编制与管理,工程索赔的概念、分类。

掌握:工程变更的内容与管理,工程索赔的依据和工作程序,工期索赔的分析与计算,费用索赔的分析与计算。

二、考点分析与例题

(一)考点1:施工合同的类型和特点

1. 按工程承发包的范围和数量,可以划分为建设工程总承包合同、建设工程承包合同、分包合同。

2. 按计价方式可以划分为总价合同、单价合同和成本加酬金合同三大类型。

1)总价合同

总价合同又分为固定总价合同、可调整总价合同和固定工程量总价合同。

(1)固定总价合同

合同双方以招标时的图纸和工程量等说明为依据,承包人按投标时业主接受的合同价格承包实施,并一笔包死。合同履行过程中,如果业主没有要求变更原定的承包内容,在完成承包工作内容后,不论承包人的实际成本是多少,均按合同价获得项目款的支付。采用这种合同形式,承包人要考虑承担合同履行过程中的主要风险,因此,投标报价一般较高。

固定总价合同的适用条件一般为:招标时的设计深度已达到施工图设计阶段,合同履行过程中不会出现较大的设计变更;工程规模较小,技术不太复杂的中小型工程或承包工作内容中较为简单的工程部位,合同工期较短,一般为1年期之内的承包合同等。

(2)可调整总价合同

这种合同与固定总价合同基本相同,但合同期较长(1年以上),只是在固定总价合同基础上,增加合同履行过程中因市场价格浮动等因素对承包价格调整的条款。常用的调价方法有:

①文件证明法。合同履行期间,当合同内约定的有关主管部门或地方建设行政管理机构颁发价格调整文件时执行。

②票据价格调整法。票据调整法是指合同履行期间,承包人依据实际采购的票据和用工量,向业主实报实销与报价单中该项内容所报基价的差额。这种计价方式的合同,应在条款中明确约定允许调整价格的内容和基价,凡未包括在其范围内的项目尽管也受到了物价浮动的影响但不作调整,按双方应承担的风险来对待。

③公式调价法。按照约定公式进行调整。

(3)固定工程量总价合同

在工程量报价单内,业主按单位工程及分项工作内容列出实施工程量,承包人分别填报各项内容的直接费单价,然后再汇总算出总价,并据以签订合同。合同内原定工作内容全部完成后,业主按总价支付给承包人全部费用。如果中途发生设计变更或增加新的工作内容,则用合同内已确定的单价来计算新增工程量而对总价进行调整。

2)单价合同

承包人按工程量报价单内分项工作内容填报单价,以实际完成工程量乘以所报单价计算结算款的合同。承包人所填报的单价应为计入各种摊销费用以后的综合单价,而非直接费单价。合同履行过程中无特殊情况,一般不得变更单价。单价合同的执行原则是,工程量清单中分项开列的工程量,在合同实施过程中允许有上下浮动变化,但该项工作内容的单价不变,结算支付时以实际完成工程量为依据。因此,按投标书报价单中预计工程量乘以所报单价计算的合同价格,并不一定就是承包人完成实施合同中规定的任务后所获得的全部款项,可能比它多,也可能比它少。

单价合同大多用于工期长、技术复杂、实施过程中发生各种不可预见因素较多的大型复杂工程的施工,以及业主为了缩短项目建设周期,初步设计完成后就进行施工招标的工程。单价合同的工程量清单内所开列的工程量为估计工程量,而非准确工程量。

常用的单价合同有估计工程量单价合同、纯单价合同和单价与包干混合合同三种。

(1)估计工程量单价合同

承包人在投标时以工程量报价单中开列的工作内容和估计工程量填报相应的单价后,累计计算合同价,此时的单价应为计及各种摊销费用后的综合单价,即成品价,不再包括其他费用项目。合同履行过程中以实际完成工程量乘以单价作为支付和结算依据,这种合同方式较为合理地分担了合同履行过程中的风险。估计工程量单价合同按照合同工期长短也可分为固定单价合同和可调单价合同两类,调价方法与总价合同相同。

(2)纯单价合同

招标文件中仅给出各项工程内的工作项目一览表、工程范围和必要的说明,而不提供工程量。投标人只要报出各项目的单价即可,实施过程中按实际完成工程量结算。由于同一工程在不同的施工部位和外部环境条件下,承包人的实际成本投入并不尽相同,因此,仅以工作内容填报单价不易准确。而且对于间接费分摊在许多工种中的复杂情况,还有些不容易计算工程量的项目内容,采用纯单价合同往往会引起结算过程中的麻烦,甚至导致合同争议。

(3)单价与包干混合合同

这种合同是总价合同与单价合同的一种结合形式。对内容简单、工程量准确部分,采用总价合同承包;对技术复杂、工程量为估算值部分采用单价合同方式承包。但应注意,在合同内必须详细注明两种计价方式所限定的工作范围。

3)成本加酬金合同

成本加酬金合同,是将工程项目的实际投资划分为直接成本费和承包人完成工作后应得酬金两部分。实施过程中发生的直接成本费由业主实报实销,另按合同约定的方式付给承包人相应的报酬。成本加酬金合同大多适用于边设计边施工的紧急工程或灾后修复工程,以议标方式与承包人签订合同。由于在签订合同时,业主还提供不出可供承包人准确报价的详细资料,因此,在合同内只能商定酬金的计算办法。按照酬金的计算方式不同,成本加酬金合同又划分为成本加固定百分比酬金合同、成本加固定酬金合同、成本加浮动酬金合同及目标成本加奖罚合同四种类型。

(1)成本加固定百分比酬金合同

签订合同时双方约定,酬金按实际发生的直接成本乘以某一具体百分比计算,这种合同的工程总造价表达式为:

$$C = C_d(1 + P)$$

式中:C——总造价;

C_d——实际发生的直接费;

P——双方事先商定的酬金固定百分比。

从公式中可以看出,承包人可获得的酬金将随着直接成本费的增大而水涨船高,虽然合同签订时简单易行,但不利于在实施过程中鼓励承包人关心缩短工期和成本。

(2)成本加固定酬金合同

酬金在合同内约定为某一固定值,计算表达式为:

$$C = C_d + F$$

式中:C——总造价;

C_d——实际发生的直接费;

F——双方约定的酬金具体数额。

这种形式的合同虽然也不能鼓励承包人关心降低直接成本,但从尽快获得全部酬金、减少管理投入出发,承包人也会关心缩短工期。

(3)成本加浮动酬金合同

签订合同时,双方预先约定该工程的预期成本和固定酬金,以及实际发生的直接成本与预期成本比较后的奖罚计算办法,计算表达式为:

$$C = C_d + F \qquad (C_d = C_0)$$

$$C = C_d + F + \Delta F \qquad (C_d < C_0)$$

$$C = C_d + F - \Delta F \qquad (C_d > C_0)$$

式中:C——总造价;

C_d——实际发生的直接费;

C_0——签订合同时双方约定的预期成本;

ΔF——酬金奖罚部分,可以是百分数,也可以是绝对数,而且奖罚可以不是相同计算标准。

这种合同通常规定,当实际成本超支而减少酬金时,以原定的基本酬金额为减少的最高限额。从理论上讲,这种合同形式对双方都没有太大风险,又能促使承包人关心降低成本和缩短工期,但实践中如何准确地估算作为奖罚标准的预期成本较为困难,这往往也是双方谈判的焦点。

(4)目标成本加奖罚合同

在仅有粗略的初步设计或工程说明书就迫切需要开工的情况下,可以根据大致估算的工程量和适当的单价表编制粗略概算作为目标成本。随着设计的逐步深化,工程量和目标成本可以加以调整。签订合同时,以当时估算的目标成本作为依据,并以百分比形式约定基本酬金和奖罚酬金的计算办法。最后结算时,如果实际直接成本超过目标成本事先商定的界限(如5%),则在基本酬金内扣减,超出部分按约定百分比计算的承包人应负责任,反之如有节约时(也应有一个幅度界限),则应增加酬金,用公式表示为:

$$C = C_d + P_1C_0 + P_2(C_0 - C_d)$$

式中：C——总造价；

C_0——签订合同时双方约定的预期成本；

C_d——实际发生的直接费；

P_1——基本酬金计算百分比；

P_2——奖罚酬金计算百分比。

此外，还可以另行约定工期奖罚计算办法，这种合同有助于鼓励承包人节约成本和缩短工期，业主和承包人都不会承担太大风险。

(二)考点2：施工进度计划的编制与管理

该考点的复习结合交通部公路监理培训教材《工程进度监理》的第一章、第二章和第五章相关内容进行，重点复习如下知识点：

(1)施工计划管理的含义与要求、特点、任务与作用；

(2)施工过程、施工过程的层次划分；

(3)施工组织研究对象及任务；施工组织设计编制原理及方法；

(4)进度计划的主要内容；

(5)流水作业施工原理；

(6)网络计划技术的基本知识及应用。

(三)考点3：FIDIC《土木工程施工合同条件》

1. FIDIC的角色

FIDIC是"国际咨询工程师联合会"的法文(FEDERATION INTERNATIONALE DES INGENIEURS CONSEILS)缩写，其相应的英文名称为International Federation of Consulting Engineers。FIDIC成立于1913年，它是一个非官方机构，其宗旨是通过编制高水平的标准文件，召开研讨会，传播工程信息，从而推动全球工程咨询行业的发展。目前有全球各地60多个国家和地区的成员加入了FIDIC，我国在1996年正式加入。

2. FIDIC《土木工程施工合同条件》的组成

FIDIC《土木工程施工合同条件》推荐用于由业主或其代表工程师设计的建筑或工程项目。这种合同的通常情况是，由承包人按照业主提供的设计进行工程施工，但该工程可以包含由承包人设计的土木、机械、电器和(或)构筑物的某些部分。FIDIC《土木工程施工合同条件》包括施工合同的通用条件和专用条件。

1)通用条件

FIDIC《土木工程施工合同条件》中的通用条件是固定不变的，无论是工业与民用建筑施工、水电工程、路桥工程、港口工程的建筑安装工程施工都适用。通用条件共分20大项247款。其中20大项分别是：一般规定；业主；工程师；承包人；指定分包人；员工；生产设备、材料和工艺；开工、延误和暂停；竣工检验；业主的接收；缺陷责任；测量和估价；变更和调整；合同价格和支付；业主提出终止；承包人提出暂停和终止；风险和责任；保险；不可抗力；索赔、争端和仲裁。

2)专用条件

FIDIC在编制合同条件时，对建筑安装工程施工的具体情况作了充分而详尽的考察，从中归纳出大量内容具体、详尽的合同条款，组成了通用条件。但仅有这些是不够的，具体到某一工程项目，有些条款应进一步明确，有些条款还必须考虑工程的具体特点和所在地区的情况予

注：《工程进度监理》，邬晓光主编.北京：人民交通出版社，1999。全书余同。

以必要的变动,专用条件就是为了实现这一目的而设立的。通用条件与专用条件一起构成了决定一个具体工程项目各方的权利、义务和对工程施工的具体要求的合同条件。

3)专用条件中条款的出现可能起因于以下原因

(1)在通用条件的措辞中专门要求在专用条件中包含进一步的信息,如果没有这些信息,合同条件则不完整;

(2)在通用条件中说到在专用条件中可能包含有补充有关材料的地方,但如果没有这些补充,合同条件仍不失其完整性;

(3)工程类型、环境或所在地区要求必须增加的条款;

(4)工程所在国法律或特殊环境要求通用条件所含条款有所变更,此类变更一般是在专用条件中说明将通用条件的某条或某条的一部分内容予以剔除,并根据具体情况给出适用的替代条款,或者条款的一部分。

3. FIDIC《土木工程施工合同条件》的特点

(1)合同条件职责明确

FIDIC《土木工程施工合同条件》不仅对工程的规模、范围、标准以及费用的结算办法都规定得十分明确,而且对合同管理过程中的许多细节也都作了明确的规定,以减少执行中的误解和扯皮。

(2)合同条件严密、连贯

FIDIC《土木工程施工合同条件》是由技术、经济、法律三部分内容构成的法律性文件,是在几十年的工程实践中,经过工程管理专家和法律专家数次修改形成的科学结合的整体。合同条件的不同条款之间既有互相制约的关系,又有互相保证的作用,从而使合同条件严密、连贯。例如,在合同条件中规定了关于业主、工程师及承包人之间严密的工作关系。即业主不能直接指挥承包人,而只能通过工程师向承包人发出指令。这样就保障了在合同履行中要以工程师为核心的工作程序。又如,工程款的支付问题也从各个不同的方面作了明确但又相互制约的规定。即承包人有权对已完工程要求付款。但又规定,承包人完成的工程必须达到合同规范中规定的标准才能得到支付。还规定了承包人的任何工程活动不能令工程师满意时,工程师有权拒绝对承包人的支付。承包人对工程师的做法不服时,有权提出对争议的问题进行仲裁。合同条件的严密、连贯性还体现在能够修正不同条款之间歧义和含糊不清的问题,合同条件规定构成合同的几个文件应被认为是互相说明的,不能单独、孤立地去理解、执行其中的某个文件。

(3)合同条件公正合理

FIDIC《土木工程施工合同条件》的公正合理,表现最鲜明的一点就是在履行合同过程中由第三者——工程师进行监督和管理。工程师不仅监督承包人的施工活动,同时也对业主履行合同的情况进行监督。工程师的工作在一定程度上对业主和承包人都具有约束力。

FIDIC《土木工程施工合同条件》在赋予工程师监督业主和承包人权力的同时,又规定了对监督公正性的保证条件进行制约,即业主和承包人都有权对工程师的任何决定提出仲裁。从而使合同的公正性有了法律保证。

(4)合同条件风险划分合理

FIDIC《土木工程施工合同条件》明确了各种风险的分担,而且力求使合同双方权利和义务达到总体的平衡,使风险的分担尽量合理。如对异常气候、政治动乱、不可预见因素、物价变动等问题都预先作了明确规定。并且从积极防止减少风险所造成的损失的角度规定了合同各方的行为。如要求承包人在发生工程风险事件后,应尽力控制事件的发展,减少事件所造成的损失。然后才是报告工程师,提出损失申请。FIDIC《土木工施工合同条件》对风险进行合理划分,对业主和承包商都是有利的,这是因为在投标时,承包人可以不考虑合同条件已规定的由业主承担的风险损失,也不用担心在正常情况下遇到特殊风险的破产问题。而业主在招标时可以得到合理的报价,这是因为不发生风险时将不用支出风险费用。

(5)合同条件具有唯一性

FIDIC《土木工程施工合同条件》的唯一性特点也表现得十分突出,即合同条件是承包人进行施工、工程师进行监理的唯一法律依据。它要求合同双方严格按照合同进行施工及进行其他工程活动。直到达到工程师满意的程度——达到合同文件所规定的质量标准,否则承包人的工程款就可能被拒付。

FIDIC 条件的这一特性向业主及承包人提出了一个共同的要求,即在合同签字之前,自己一方所有的意愿应在合同文件中能找到满意的表达条款或在双方协商一致情况下写进合同文件。签字之后,几乎不存在再去修改或解释的可能性。

(6)合同条件确立了业主、工程师及承包人之间相互制约关系

FIDIC《土木工程施工合同条件》中规定了业主与工程师、业主与承包人、工程师与承包人的特定关系,这是保证工程实施的重要条件。如业主与承包人之间是雇佣和被雇佣的关系,但业主不能直接指挥承包人的活动,承包人执行业主的指令必须经过工程师下达,否则就是违反合同的行为。业主与工程师是委托与被委托关系,但业主不能干预工程师的正常工作。虽然业主有权提出更换不称职的监理人员,但不得影响工程师按照合同条件独立、公正地行使监理的权力,包括作出对业主有约束力的决定的权力。工程师与承包人之间虽然没有任何合同或协议,但在他们受委托于业主的合同或协议中,明确了工程师与承包人之间是监理和被监理关系。承包人所涉及工程的任何活动,都必须得到工程师的批准或同意,严格遵照执行工程师的指令。但工程师对承包人所实施的任何监督和管理,必须符合实际情况及合同条件。当承包人认为工程师的决定不能接受时,他有权提出仲裁,用法律手段来保护自己的正当权益。

4. FIDIC《土木工程施工合同条件》合同文件的组成及优先解释顺序

在 F1DIC《土木工程施工合同条件》下,合同文件除合同条件外,还包含其他对业主、承包人都有约束力的文件。构成合同的这些文件应该是互相说明、互相补充的,但是这些文件有时会产生冲突或含义不清。此时,应由工程师进行解释或校正,其解释或校正应按构成合同文件的如下先后次序进行:

(1)合同协议书;

(2)中标函;

(3)投标书;

(4)合同专用条件;

(5)合同通用条件:

(6)规范;

(7)图纸;

(8)资料表(工程量表、数据、列表及费率/单价表)以及其他构成合同一部分的文件。

5. FIDIC《土木工程施工合同条件》的应用前提

FIDIC《土木工程施工合同条件》注重业主、承包人、工程师三方的关系协调,强调工程师在项目管理中的作用,其应用应具备以下前提:

(1)通过竞争性招标确定承包人；
(2)委托工程师对工程施工进行监理；
(3)按照单价合同编制招标文件。

6. FIDIC《土木工程施工合同条件》三方的权利、义务和职责

1)业主的权利与义务

(1)业主有权授予工程师职权；
(2)业主有权批准合同转让和合同终止；
(3)业主有权完善或补充合同的实施；
(4)业主有权提出仲裁；
(5)业主有权将工程的部分项目或工作内容的实施发包给指定分包人；
(6)业主应在合理的时间内向承包人提供施工场地；
(7)业主应在合理的时间内向承包人提供施工图纸；
(8)业主应在合同规定的时间内向承包人付款；
(9)业主应协助承包人办理有关事务。

2)工程师的权力与职责

工程师在质量管理方面的权力：
(1)有权对现场材料及设备进行检查和控制；
(2)有权监督承包人的施工；
(3)有权对已完工程进行确认或拒收；
(4)有权对工程采取紧急补救措施；
(5)有权要求解雇承包人的雇员；
(6)有权批准分包人。

工程师在进度管理方面的权力：
(1)有权审查、认可承包人的施工进度计划；
(2)有权发出开工令、停工令和复工令；
(3)有权控制施工进度。

工程师在费用管理方面的权力：
(1)有权确定变更价格；
(2)有权批准使用暂列金额；
(3)有权批准使用计日工；
(4)有权批准向承包人付款。

工程师在合同管理方面的权力：
(1)有权批准工程延期；
(2)有权发布工程变更令；
(3)有权颁发工程接收证书和履约证书；
(4)有权解释合同中的有关文件；
(5)有权对争端作出决定。

工程师承担对整个项目的监督和管理，他的主要职责是：
(1)认真履行合同文件，监督合同双方按合同文件进行实施；
(2)协调好施工中发生的有关事宜，公正及时地处理有关问题。

3)承包人的权利与义务

承包人的主要权利是：

(1)承包人有权得到工程付款；

(2)承包人有权拒绝分包人；

(3)承包人有权提出工程延期和费用索赔；

(4)承包人在业主有下列情况之一时，有权终止受雇或暂停工作：

①业主在合同规定的应付款时间期满42天之内，未能按工程师批准的付款证书向承包人付款；

②业主干涉、阻挠或拒绝工程师颁发付款证书；

③业主宣布破产或由于经济混乱而导致业主不具有继续履行其合同义务的能力。

承包人的主要义务是：

(1)认真按照合同的要求及工程师的指示组织工程施工；

(2)在合同规定的工期要求及质量标准的范围内完成工程内容；

(3)遵守工程所在国家、地区的法令、法规；

(4)对颁发工程接收证书之前的施工现场安全负责；

(5)提供履约担保；

(6)提交进度计划和现金流量的估算；

(7)保护工程师提供的坐标点和水准点；

(8)进行工程和承包人设备保险；

(9)保障业主免于承受人身或财产的损害。

7. FIDIC《土木工程施工合同条件》的内容还有很多，在这里不可能一一列出，应在通看FIDIC《土木工程施工合同条件》的基础上重点掌握与工程变更、索赔、调价相关的条款

(四)考点4：工程变更的内容与管理

1. 工程变更的基本要求与范围

1)基本要求

(1)工程变更主要是指针对承包人在投标时所依据的合同文件而进行的变动。

(2)工程变更只能是在原合同规定的工程范围内变动，并且不能降低工程项目的质量标准和使用标准。

(3)工程变更应使合同更加完善，更加合理。应该是技术上可行、可靠，费用合理，施工工艺不宜复杂，一般不应影响工期。

(4)没有监理工程师签发的变更指令，承包人不得进行任何变更。

2)工程变更范围

根据《公路工程国内招标文件范本》(2003年版)合同通用条款第51.1款的规定，工程变更一般包括以下几个方面：

(1)合同中任何工程量的增、减；

(2)取消合同中的任何单项工程；

(3)改变合同中任何工作的性质、质量或种类；

(4)改变工程任何部分的几何尺寸；

(5)为完成工程所必需的任何种类的附加工作；

(6)改变任何分项工程的施工次序或时间安排。

2. 工程变更的受理、审批程序

(1)提出变更申请

工程变更一般由承包人提出。业主、监理工程师以及项目相邻第三方也可以提出工程变更的要求。

(2)审查变更理由是否成立

一般由监理工程师逐级审查工程变更是否成立。

(3)编制变更文件

由监理工程师与提出人共同编制变更文件,包括变更设计图纸、计算书、所采用的技术规范和标准,变更工程量清单等。

(4)审批工程变更

监理工程师应根据委托授权,或自己审批报业主备案,或自己审核签注意见后报业主审批。

(5)签发变更指令、实施变更

3. 变更工程的估价

1)单价的确定

(1)采用工程量清单单价

①直接套用;

②间接套用(适当换算后采用);

③部分套用。

(2)协商定价

如果不能套用清单单价,则由业主和承包人协商定价。双方不能达成协议时,由监理工程师定价。

2)调价规定

(1)根据《公路工程国内招标文件范本》(2003 年版)合同通用条款第 52.2 款的规定,当工程变更数量较大(变更工程的“金额”或“合价”超过合同价 2%,且变更工程量超过或少于清单工程量的 25%时),应对该支付细目的单价或总额价予以调整。

(2)根据《公路工程国内招标文件范本》(2003 年版) 合同通用条款第 52.3 款的规定,如果在签发交工证书时发现合同价格的增、减超过“有效合同价格”的 15%,且是由于变更所致,则应对合同价格进行调整。

上述两类调价,均只对超过规定范围的部分进行调价。

(五)考点 5:工程索赔

1. 索赔的概念

索赔是指在合同的实施过程中,合同一方因对方不履行或未能正确履行合同所规定的义务或未能保证承诺的合同条件实现而遭受损失后,向对方提出的补偿要求。索赔是相互的、双向的。承包人可以向发包人索赔,发包人可以向承包人索赔。

2. 工程索赔的原因

(1)发包人违约,包括发包人和工程师没有履行合同责任,没有正确地行使合同赋予的权力,工程管理失误,不按合同支付工程款等。

(2)合同错误,如合同条文不全、错误、矛盾、有二义性,设计图纸、技术规范错误等。

(3)合同变更,如双方签订新的变更协议、备忘录、修正案,发包人下达工程变更指令等。

(4)工程环境变化,包括法律、市场物价、货币兑换率、自然条件的变化等。

(5)不可抗力因素,如恶劣的气候条件、地震、洪水、战争状态、禁运等。

3. 工程索赔的分类

1)按索赔当事人分类

(1)承包人与发包人之间索赔;

(2)承包人与分包人之间索赔;

(3)承包人与供货人之间索赔;

(4)承包人与保险人之间索赔。

2)按索赔事件的影响分类

(1)工期拖延索赔　由于发包人未能按合同规定提供施工条件,如未及时交付设计图纸、技术资料、场地、道路等,或非承包人原因发包人指令停止工程实施,或其他不可抗力因素作用等原因,造成工程中断,或工程进度放慢,使工期拖延,承包人对此提出索赔。

(2)不可预见的外部障碍或条件索赔　如果在施工期间,承包人在现场遇到一个有经验的承包人通常不能预见到的外界障碍或条件,例如地质与预计的(发包人提供的资料)不同,出现未预见到的岩石、淤泥或地下水等。

(3)工程变更索赔　由于发包人或工程师指令修改设计、增加或减少工程量、增加或删除部分工程、修改实施计划、变更施工次序,造成工期延长和费用损失,承包人对此提出索赔。

(4)工程终止索赔　由于某种原因,如不可抗力因素影响、发包人违约,使工程被迫在竣工前停止实施,并不再继续进行,使承包人蒙受经济损失,因此提出索赔。

(5)其他索赔　如货币贬值、汇率变化,物价和工资上涨、政策法令变化、发包人推迟支付工程款等原因引起的索赔。

3)按索赔要求分类

(1)工期索赔　即要求发包人延长工期,推迟竣工日期。

(2)费用索赔　即要求发包人补偿费用损失,调整合同价格。

4)按索赔所依据的理由分类

(1)合同内索赔　即索赔以合同条文作为依据,发生了合同规定给承包人以补偿的干扰事件,承包人根据合同规定提出索赔要求。这是最常见的索赔。

(2)合同外索赔　指工程过程中发生的干扰事件的性质已经超过合同范围。在合同中找不出具体的依据,一般必须根据适用于合同关系的法律解决索赔问题。

(3)道义索赔　指由于承包人失误(如报价失误、环境调查失误等),或发生承包人应负责的风险而造成承包人重大的损失。

5)按索赔的处理方式分类

(1)单项索赔　单项索赔是针对某一干扰事件提出的。索赔的处理是在合同实施过程中,干扰事件发生时,或发生后立即进行。它由合同管理人员处理,并在合同规定的索赔有效期内向发包人提交索赔意向书和索赔报告。

(2)综合索赔　又叫一揽子索赔,这是在国际工程中经常采用的索赔处理和解决方法。一般在工程竣工前,承包人将工程过程中未解决的单项索赔集中起来,提出一份总索赔报告。合同双方在工程交付前或交付后进行最终谈判,以一揽子方案解决索赔问题。

4. 工程索赔的依据

1)合同文件

合同文件是索赔的最主要依据，包括：

(1)本合同协议书；

(2)中标通知书；

(3)投标书及其附件；

(4)本合同专用条款；

(5)本合同通用条款；

(6)标准、规范及有关技术文件；

(7)图纸；

(8)工程量清单；

(9)工程报价单或预算书。

合同履行中，发包人与承包人有关工程的洽商、变更等书面协议或文件视为本合同的组成部分。

2)订立合同所依据的法律和法规

(1)适用法律和法规

建设工程合同文件适用国家的法律和行政法规。需要明示的法律、行政法规，由双方在专用条款中约定。

(2)适用标准、规范

双方在专用条款内约定适用国家标准、规范的名称。

3)相关证据

工程索赔中常见的证据有：

(1)招标文件、合同文本及附件，其他的各种签约(备忘录，修正案等)，发包人认可的工程实施计划，各种工程图纸(包括图纸修改指令)，技术规范等；

(2)来往信件，如发包人的变更指令，各种认可信、通知、对承包人问题的答复信等；

(3)各种会谈纪要；

(4)施工进度计划和实际施工进度记录；

(5)施工现场的工程文件；

(6)工程照片；

(7)气候报告；

(8)工程中的各种检查验收报告和各种技术鉴定报告；

(9)工地的交接记录(应注明交接日期，场地平整情况，水、电、路情况等)，图纸和各种资料交接记录；

(10)建筑材料和设备的采购、订货、运输、进场，使用方面的记录、凭证和报表等；

(11)市场行情资料，包括市场价格、官方的物价指数、工资指数、中央银行的外汇比率等公布材料；

(12)各种会计核算资料；

(13)国家法律、法令、政策文件。

5. 工程索赔的审批程序

根据《公路工程国内招标文件范本》(2003 年版)合同通用条款第 53 条的规定，费用索赔审批程序为：

(1)索赔事件发生；

(2)承包人向监理工程师提交索赔意向报告；

当出现索赔事项时，承包人以书面的索赔通知书形式，在索赔事项发生后的21天内向工程师正式提出索赔意向通知。在索赔通知书发出后的21天内，向工程师提出延长工期和（或）补偿经济损失的索赔报告及有关资料。

当索赔事件持续进行时，承包人应当阶段性向工程师发出索赔意向通知，在索赔事件终了后21天内，向工程师送交索赔的有关资料和最终索赔报告。

(3)承包人提交索赔事件的同期记录；

(4)索赔事件结束后提交正式索赔报告；

(5)索赔评估小组调查索赔事实和原因、查证合同依据、计算索赔费用；

(6)驻地监理工程师提出评审意见；

(7)总监理工程师代表处审批；

(8)业主签字、备案。

(六)考点6:费用索赔

1.费用索赔的含义

所谓费用索赔是指承包人在由于业主的原因或双方不可控制的因素发生变化而遭受损失的条件下，向业主提出补偿其费用损失的要求。因而，索赔费用应是承包人根据合同条款的有关规定，向业主索取的合同价以外的费用。

索赔费用不应被视为承包人的意外收入，也不应被视为业主的不必要支出。实际上，索赔费用的存在是由于建立合同时还无法确定的某些应由业主承担的风险因素导致的结果。承包人的投标报价中一般不含有业主应承担的风险对报价的影响，因而，一旦这类风险发生并影响承包人的工程成本时，承包人提出费用索赔是一种正常现象和合理行为。

2.引起费用索赔的原因

引起费用索赔的原因是由于合同的基础条件发生变化使承包人遭受了额外损失。归纳起来，有下列几类原因。

1)工程量增加

(1)设计变更

在工程实施过程中，无论是完善性还是修改性设计变更都可能引起新增合同外工程、新增单项工程或变更单项工程等，从而引起承包人工程量的增加。

(2)指令性变更

指业主或其代表在合同规定的限度内指令增加工程量。

(3)推定性变更

指由于业主的规范缺陷、要求变更施工方法和过度检查等非正式的变更引起的承包人工程量的增加。

(4)不可预见性或不确定性障碍

由于对不可预见或不确定性障碍的处理往往不能预先准确地计算工程量，所以实施处理的结果常常引起工程量的增加。

(5)合同规定的其他变更引起工程量增加

2)加速施工

通常情况下，承包人在合同要求加速施工，以及在业主直接指令或隐含指令加速施工时，都可以提出费用索赔。

3)可补偿费用的延误

引起可补偿费用延误的因素常常是：

(1)业主或与业主有直接关系的第三方原因；

(2)不可预见或不确定性障碍；

(3)异常恶劣的气候条件；

(4)特殊社会经济条件。

4)与工期无关的业主违约

由于与工期有关的业主违约问题已包含在可补偿费用延误中，故此处仅指与工期无关的业主违约问题。

5)终止或解除合同

终止或解除合同是指业主、承包人双方就特定的工程合同生效后，因某种原因使原合同不能继续履行或不必要履行时，当事人双方经过协商同意，或当事人一方行使合同解除权使合同停止履行的行为。一般有如下几种情况：

(1)承包人严重违约，业主解除合同。

常见的承包人严重违约的情况有：

①未经业主同意，单方面将其承包的工程部分或全部转包给第三方；

②超过合同规定开工日期后，仍迟迟不能开工，且无正当理由；

③拒不更换严重失职或无能的工程管理人员；

④坚持使用不合格材料；

⑤对业主多次提出的质量警告纠正不力或纠正无效。

(2)业主严重违约，承包人解除合同。

常见的业主严重违约的情况有：

①未经承包人同意，单方面转让合同，以致对承包人产生了严重不利后果；

②合同生效后，业主却无能力支付合同工程款项，致使承包人陷入困境；

③现场施工条件与业主承诺的情况严重不符，且长时间拖延而得不到解决；

④业主无理拒绝其委派现场代表所发布的正当指令，严重损害了承包人的正当利益，使工程无法继续进行；

⑤业主有条件却不按合同规定的时间和金额支付工程款。

(3)业主、承包人双方经过协商，一致同意解除合同。

(4)因双方不可控制因素造成工程停建或缓建，致使已经生效的合同不能继续履行。

6)业主提前使用未完工程及在保修期间使用不当

7)合同缺陷

8)国家政策、法规的变更

3. 索赔费用的分类

1)按费用索赔起因划分

针对上述八类原因，索赔费用可作相应的种类划分，说明如下：

(1)工程量增加费

是指由于某些因素的影响致使工程量超过了原合同或图纸的规定而发生的费用。其数量是由所确认的工程增加量的直接费(人工费、材料费、机械费)、间接费和其他费用构成，并按照工程价款确定的原则，或按照合同条款中规定的计算办法进行计算。

(2)加速施工费

加速施工费是指由于加速施工,而比正常进度状态下完成同等数量的工程量多付出的那部分费用。通常情况下,加速施工费的产生由以下几种原因造成:

①采用的工资标准比正常情况下高,如多发奖金、加班费、超额作业津贴等;

②配备比正常进度人力资源多的劳动力;

③施工机械设备的配置增加,周转性材料大量增多;

④采用先进性高的施工方法;

⑤采用能减少现场工序的高质量、高性能的材料;

⑥材料供应不能满足加速进度要求时,发生工人待工或高价采购材料;

⑦加速施工中的各种交叉干扰进一步加大了加速作业的成本等。

上述费用的产生,会因工程情况的不同而千差万别,甚至会出现加速施工费用大幅度增加而加速效果却不明显的情况。

(3)可索赔延误损失费

指完全由于可索赔工程延误的时间因素给承包人造成的实际费用损失。这类费用与工程量增加费的性质几乎完全不同,它往往是由下列几种费用组合而成:

①工人停工待工损失费;

②施工机械闲置费;

③材料损失费及材料价格上涨费;

④异常恶劣气候条件及特殊社会经济条件造成的损失费。

(4)与工期无关的业主违约损失费

与工期无关的业主违约在实际工程中也是常常发生的。其费用构成较为复杂,但有一个共同的特点,即无工期补偿问题,又确实存在费用损失,如业主供应的材料设备过早进场、业主代表工作失误造成的损失费等。

(5)业主提前使用及保修期责任费

在规模较大、工期较长的工程项目建设过程中,若业主提前使用了正在施工的工程,无论是生产性还是商业性使用,都必然会给业主带来利益而对承包人的施工带来影响,即使没有影响整个工程的工期,也不可否认承包人为业主提前使用部分工程而创造条件及采取措施时已付出某些费用。

在工程全部完工并交付使用后的保修期期间,按照合同协议的规定,承包人有责任无偿对其交付使用工程的缺陷进行维修。

但是,当保修期间发生的工程质量问题是由于业主使用不当或管理不善等原因引起时,业主应对其造成的一切损失负责。

(6)合同缺陷损失费

它是指由于合同文件不严密、不完备,致使合同双方对合同条款(如不可抗力、恶劣气候、现场条件变化等条款)有不同解释、对图纸与规范有不同观点而造成的承包人额外损失。

(7)终止或解除合同损失费

合同的解除或终止并不影响当事人要求赔偿损失的权力,原合同条款对解除合同后当事人之间有关结算、未尽义务、争议等问题的解决仍然有效。所以,业主、承包人双方在解除合同后,都可以对解除合同前已经发生的损失和解除合同后所产生的损失向对方提出索赔要求。

(8)国家政策、法规变更损失费

国家新的政策、法规颁布执行后，对合同工程是否会产生费用影响，主要在于具体的工程与法规是否相关。在索赔费用报告提出时，需要具体情况具体分析，有些政策对每个工程都有影响，有些则只对涉及到的内容才有影响。

2）按索赔费用的构成性质划分

从本质上讲，承包人的费用索赔包括损失索赔和额外工作索赔。

损失索赔包括实际损失索赔和可得利益索赔。实际损失是指承包人多支出的额外成本；可得利益是指如果业主不违反合同，承包人本应取得的，但因业主违约而丧失了的利益。

额外工作索赔费用包括额外工作实际成本及其相应利润。对额外工作索赔，业主应以原合同中的适用价格为基础，或者以双方商定的价格或工程师确定的合理价格为基础给予补偿。实际上，进行合同变更、追加额外工作，相当于确立一种新的合同关系，常表现为原合同基础上的一种补充协议。

计算损失索赔和额外工作索赔的主要区别是：前者的计算基础是成本，而后者的计算基础是价格。

计算损失索赔要求比较一下计划合理成本（无违约事件发生）和实际合理成本（有违约事件发生）。此处，计划成本和实际成本不一定完全是指承包人投标成本和实际发生成本，但都必须是合理成本。业主应对两者之差给予补偿，这与各工作项目的价格毫不相干，原则上也不得包括额外成本的相应利润，除非承包人原合理预期利润的实现已经因此受到影响。这种情况一般当违约引起了整个工期的延长或完工前的合同解除时才会发生。

计算额外工作索赔则允许包括额外工作的相应利润，甚至在该工作可以顺利列入承包人的工作计划，不会引起总工期延长，从而事实上承包人并未遭受利润损失时也是如此。

在工程索赔中，承包人究竟可以就哪些损失提出索赔，取决于合同规定和有关适用法律。无论损失的金额有多大，也无论是什么原因引起的，合同规定就是这种损失是否可以得到补偿的最重要的依据。

按国际工程索赔惯例，一般有五种损失可以索赔：由索赔事项引起的直接额外成本；由于合同延期而带来的额外时间相关成本；由于合同延期而带来的利润损失；合同延期引起的总部管理费损失；由干扰造成的生产率降低所引起的额外成本。

因而，索赔费用若按其构成性质可以作如表 6-1 所示的划分。

索赔费用的划分 表 6-1

索赔费用	损失索赔费用	由索赔事项引起的直接额外成本
		由于合同延期而带来的额外时间相关损失
		由于合同延期而带来的利润损失
		合同延期引起的上级部门或公司管理费损失
		由于干扰造成的生产率降低所引起的额外成本
	额外工作索赔费用	额外工作实际成本
		额外工作相应利润

3）按索赔费用的项目组成划分

索赔费用按其项目组成可分为直接费用和间接费用。其中，直接费包括人工费、材料费、机械费和分包费；间接费包括管理费、利润、融资成本等，如表 6-2 所示。

索赔费用的项目组成　　表6-2

索赔费用							
直接费				间接费			
人工费	材料费	机械费	分包费	管理费	利润	融资成本	其他费用

索赔费用计算的基本方法就是按上述费用组成项目分别分析、计算，最后再汇总求出总的索赔费用。

按照国际惯例，承包人的索赔准备费用、索赔金额在索赔处理期间的利息、仲裁费用、诉讼费用等是不允许索赔的，因而不应将这些费用包含在索赔费用中。索赔费用项目的组成会随工程所在国家或地区的不同而不同，即使在同一国家或地区，随着合同条件具体规定的不同，索赔费用的项目组成也会不同。

4. 费用索赔的基本原则

在工程施工索赔中，业主和承包人双方产生的费用纠纷，一般都集中反映在"该不该提出索赔要求"和"索赔费用金额是否合理"两个问题上，即"索赔资格"和"索赔数量"的确定上。实际工作中，对索赔数量的认定难度大大超过对索赔资格的认定难度，这是由承包人对索赔事件的识别能力、对索赔事件的处理态度以及对证据资料收集的完整性等方面决定的。

事实上，承包人在提交索赔报告时，常常将索赔费用夸大数倍，把索赔原因与无关因素联系在一起，有时甚至曲解合同协议条款含义以证明其具有索赔权利，以至于国际工程承包业界流行这样一句口头禅"投标在报价，赚钱在索赔"。这说明，费用索赔无论对承包人还是业主都是至关重要的。

从几种常用的土木工程合同条件及国际惯例来看，进行费用索赔应遵循如下几个原则。

1）必要原则

这是指从索赔费用发生的必要性角度来看，索赔事件所引起的额外费用应该是承包人履行合同所必需的，即索赔费用应在所履行合同的规定范围之内，如果没有该费用支出，就无法合理履行合同，无法使工程达到合同要求。

对于某一个确定的费用项目，若合同没有规定，或规定不准进行费用索赔，承包人就不得以任何理由提出索赔要求。如承包人在施工过程中发现自己在投标时的工程预算有漏项错误，且合同条款中没有对此类情况进行补偿的根据，那么这种漏项将是承包人自身的一种损失，即使承包人提出索赔要求，业主也肯定会拒绝。业主的理由往往是：

（1）承包人无法证明其漏项错误究竟是工作疏忽还是故意留有余地；

（2）此处的漏项错误损失有可能被别处的漏项错误所弥补；

（3）漏项错误使承包人在投标竞争中处于有利地位，乃至获得了成功。

因而，在这种情况下，承包人无从让业主确信其索赔费用是履行合同所必需的，也就无从索赔。

2）赔偿原则

这是指从索赔费用的补偿数量角度看，索赔费用的确定应能使承包人的实际损失得到完全弥补，但也不应使其因索赔而额外受益。

承包人在履行合同过程中，对非自身原因所引起的实际损失或额外费用向业主提出索赔要求，是承包人维护自身利益的权利。但是，承包人不能企图利用索赔机会来弥补因经营管理不善造成的内部亏损，也不能利用索赔机会谋求不应获得的额外利益。总之，在实际损失获得全额补偿后,承包人应处于与假定未发生索赔事件情况下合同所确定的状态同等有利或不利的地位。即费用索赔是赔偿性质的,承包人不应因索赔事件的发生而额外受损或受益。换个角度来说,业主也不能因为承包人所遇到的不利问题而获得额外利益,特别是在产生问题的原因与业主或其代理人有关的情况下。

我国《民法通则》和《合同法》都规定:

①当事人一方违反合同的赔偿责任,应相当于另一方因此而受到的损失;

②当事人可以在合同中约定,一方违反合同时应向对方支付一定数额的违约金;

③双方也可以在合同中约定对于违反合同而产生损失的赔偿额的计算方法。

由此可见,违约金虽可能有不同的性质,但在建筑施工合同中一般是赔偿性的。在国际工程施工合同中,除了通常约定的承包人延期完工需向业主支付延误赔偿金外,大多没有其他的违约金约定,而是直接计算所发生的实际损失,并给予补偿,没有惩罚性质。

3)最小原则

这是指从承包人对索赔事件的处理态度来看,一旦承包人意识到索赔事件的发生,应及时采取有效措施防止事态的扩大和损失的加剧,以将损失费用控制在最低限度。如果没有及时采取适当措施而导致损失扩大,承包人无权就扩大的损失费用提出索赔要求。

按照一般的法律要求及合同条件,承包人负有采取措施将损失控制并减少到最低限度的义务。这种措施可能包括:保护未完工程、合理及时地重新采购器材、及时取消订货单、重新分配工程资源等。如:某单位工程因业主原因暂停施工时,若承包人本可以将该工程的施工力量调往其他工程项目,但因承包人对索赔事件的处理态度消极,没有进行这样的资源优化调整,那么,承包人就不能对因此而闲置的人员和设备的费用损失进行索赔。当然,承包人可以要求业主对其采取减少损失措施本身产生的费用给予补偿。

4)引证原则

承包人提出的每一项索赔费用都必须伴随有充分、合理的证明材料,以表明承包人对该项费用具有索赔资格且其数额的计算方法和过程准确、合理。没有充分证据的费用索赔项目一般都会被业主视为无效而被驳回。

5)时限原则

几乎每一种土木工程合同条件都对索赔的提出时间有明确的要求。如FIDIC合同条件规定承包人在索赔事件第一次发生之后的28天内,应将索赔意向通知工程师,同时向业主呈交一份索赔意向的副本。承包人应严格按照适用合同条件的要求或合同协议的规定,在适当时间内提出索赔要求,以免丧失索赔机会。

时限原则的另一层含意是指承包人对索赔事件的处理应是发现一件、提出一件、处理一件,而不应采取轻视或拖延的态度。索赔事件的及时处理,既能防止损失的扩大,又能使承包人及时得到费用补偿,这无论对业主还是承包人都是有利的。况且,单项索赔事件若得不到及时处理,常常会和相继发生的其他索赔事件交织在一起,不仅会使索赔事件难以辨识,更会大大增加索赔的处理难度。待工程完工后再进行一揽子索赔的策略往往会将承包人置于不利甚至尴尬的境地,对承包人而言是不可取的。

5.基本索赔费用项目的适用条件和计算方法

1)人工费

人工费是工程建设成本直接费项目之一,也是费用索赔中的一个重要索赔项目。它一般包括支付给施工过程中直接从事建筑安装工程(包括在施工现场直接为工程制造构件)的工人和施工现场运料、配料等辅助工人及跟班作业的工班长等的工资支出，以及与人工有关的税收、保险和福利支出等。其计算如下：

$$C_1 = C_{11} + C_{12} + C_{13}$$

式中：C_1——索赔的人工费；

C_{11}——人工单价上涨引起的费用；

C_{12}——人工工时增加引起的费用；

C_{13}——劳动生产率降低引起的人工损失费用。

在下列三种情况下，承包人有权提出人工费的索赔。

(1)由于业主增加合同以外的工程，或由于业主的原因造成工程延误，引起了承包人人工单价的上涨和工作时间的延长。

工程的任何变更和延误、人工工资的调升都可能造成相应的人工费增加。有时，即使工程仍然在合同规定的期限内完工，施工各阶段用工量比例的变化，也会导致人工费增加。因合同变更等原因，大量工作被推后到人工工资较高的时期进行，这种情况下，即使整个合同期的总用工数不变，费用也会增加。

(2)工程所在国或当地政府为推行社会保险计划和劳工福利计划而向建筑公司征收工资税或以工资为基础的保险费等。如在埃及，政府在经济类住宅的工程进度款中扣除2.7%的社会保险费等，外国工人因不享受该国福利，可以不交纳社会保险，故可就该费用支出向业主提出索赔。

(3)若由于业主原因造成的延误或对工程的无理干扰打乱了承包人的施工计划，致使承包人劳动生产率降低，进而发生人工工时增加的损失，则承包人有权向业主提出生产率降低损失的索赔。

2)材料费

材料费是建筑安装工程成本的直接费项目之一，也是费用索赔中重要的费用项目。它是施工过程中所耗用的、构成工程实体或有助于工程形成的主要材料、构件的成本，以及所用周转材料的摊销成本额。

材料费索赔包括材料耗用量增加和材料单位成本上涨两个方面：

$$C_m = C_{m1} + C_{m2}$$

式中：C_m——索赔的材料费；

C_{m1}——材料用量增加费；

C_{m2}——材料单价上涨费。

在下列情况下，承包人有权提出材料费索赔：

(1)由于业主或其工程师追加额外工作、变更工作性质、改变施工方法等，造成承包人的材料耗用量增加，包括使用数量的增加和材料种类的改变。

确定材料耗用增加的数量有两种方法。其一，将计划材料用量与实际消耗量进行比较。为此，承包人应建立、健全材料管理制度，对每一工作项目使用的各种材料保持完整的耗用记录，以使索赔时能准确地分离出索赔事项所引起的额外材料耗用。其二，在无法比较的情况下，根据当地建筑工程定额估算手册确定材料的消耗量。在国际工程承包中，由于没有统一的建筑工程定额，很难确定材料用量和损耗系数，承包人应结合工程实际并参照当地惯例确定损耗系数。

(2)在工程变更或遇到业主延误时,可能造成材料库存时间的延长、材料采购滞后或采用代用材料等,从而引起材料单位成本增加。这时,承包人应根据施工关键线路计划来证明其材料采购和运输成本可以按计划在价格较低的早期进行,但因业主责任原因而受阻,因而有权就该项费用提出索赔。

3)施工机械费

施工机械费也是建筑安装工程成本直接费项目之一。它包括承包人在施工过程中使用自有施工机械所发生的机械使用费,使用外单位施工机械的租赁费,以及按照规定支付的施工机械进出场费用等。索赔机械费应主要考虑机械工作时间的增加、机械台班费率的上涨和机械设备的闲置。机械工作时间的增加包括原有机械比预定计划增加的工作时间,以及新增机械的数量和工作时间。其计算公式为:

$$C_e = C_{e1} + C_{e2} + C_{e3} + C_{e4}$$

式中:C_e——索赔机械费;

C_{e1}——承包人自有机械工作时间增加费;

C_{e2}——自有机械台班费率上涨费;

C_{e3}——外来机械租赁费(含必要的进出场等费用);

C_{e4}——机械设备闲置损失费用。

为了得到机械设备增加的工作时间和单价上涨幅度,承包人在发现索赔机会后,应详细记录机械设备的使用情况,编制机械设备使用日报表。但是,与人工费、材料费不同的是,索赔的施工机械费往往难以从成本记录中直接计算出其实际发生数。其原因如下:

(1)从成本核算上来说,施工机械的许多费用项目往往发生频繁,金额却不大,故对现场的每一台机械设备都分别保持这种实际费用的支出记录是非常困难的。通常的会计核算体系也不要求这么做,而是将这种费用分类归集在一起进行记录。

(2)在工程施工现场,施工机械不仅会频繁地发动和停止使用,而且经常需要在现场调来调去,以致承包人难以保持设备是同时间的准确记录。

(3)施工设备的将来报废处理价或出卖价格往往视实际情况而出入较大,从而很难准确地估计设备的将来价值。

(4)承包人对设备的养护水平、操作人员的技能、设备的使用环境以及设备的前期使用等都是影响实际施工机械费用支出的重要因素,但其影响实际上都无法准确地进行度量,因而,难以从施工机械索赔费用中予以扣除。

(5)承包人对索赔机会的发现一般都滞后于索赔事件的实际发生时间。为此,承包人应不断完善其成本记录及核算体系,以提高对索赔事件的辨识能力和对索赔费用项目的分离能力。

4)分包费

承包人在经业主同意后,可将工程的某个部分转包给专业承包人(称分包人)。有时,业主会直接指定一个分包人,即所谓业主指定分包人。由于业主的原因或指定分包人原因造成分包工程费用增加时,包括工程量增加和分包单价增加,分包人可就分包工程增加费用提出索赔。

一般说来,分包人在进行索赔时,应首先向总承包人提出其索赔要求和方案。总承包人在和分包人协商后,对索赔方案进行审查和修改。最后,由总承包人和分包人一起,以总承包人的名义向业主提出分包工程增加费及相应管理费用索赔,有时视情况可包含相应利润。

$$C_s = C_{s1} + C_{s2}$$

式中:C_s——索赔的分包费;

C_{s1}——分包工程增加费用;

C_{s2}——分包工程增加费用的相应管理费,有时可含相应利润。

5)融资成本(利息)

融资成本又称资金成本,是企业取得和使用资金所付出的代价,其中最主要的是支付给资金供应者的利息。对承包人而言,由于其索赔补偿的取得只能在索赔事件完结之后较长一段时间内才能实现,因而承包人不得不先从银行贷款或以自己的资金垫付支出,由此便不可避免地产生了融资成本问题。

融资成本主要有两种:额外贷款的利息支出和使用自有资金带来的机会损失。利息支出在工程承包中占相当大的比重,尤其是在亏损项目中,利息带来的损失更为突出。如果由于业主违约或其他合法索赔事项,承包人为保证合同项目的顺利实施,不得不增加额外银行贷款来满足工程施工现金流的需要,只要承包人能证明:

(1)额外贷款是因业主违约或其他合法索赔事项直接引起的;

(2)索赔的利息数是由上述额外贷款直接产生的。

那么,承包人就有权就相关的利息支出提出索赔。

利息的索赔额通常是根据额外贷款的本金、利率和利息发生时间的周期数,利用复利计算法确定的:

$$C_r = A \times [(1 + i)^t - 1]$$

式中:C_r——索赔利息额;

A——本金;

i——利率;

t——利息发生时间的周期。

利率一般按承包人在正常情况下的贷款利率计算。

如果承包人自有资金充足,在索赔事件发生时,可以不向金融机构贷款,而是动用自己的资金来弥补合法索赔事件所引起的现金流量缺口,在这种情况下,承包人的利息索赔数有两种确定方法:其一,参照有关金融机构的利率标准,运用公式进行计算;其二,假定承包人可以或原计划将这些资金用于其他工程,则以其能获得的收益作为利息索赔数。在这种情况下,承包人必须能证明他原计划将该项资金用于其他项目,并能够从中获利。

一般地,承包人可在发生下列索赔事件的情况下,按相应的处理原则,向业主提出利息索赔:

(1)业主拖延或拒绝支付各种工程款,推迟退还工程保留金或超过合同规定数量扣保留金。这种情况一般都在合同中有明确的规定,其利息支出按合同中约定的利率进行计算。

(2)若合同中没有明确规定,只要合同适用法律许可,同样可提出利息索赔。利息计算方法可以由双方在合同中约定。

(3)由于业主资金未及时到位,承包人贷款或利用自有资金完成业主的新增工程、变更工程或被业主延误的工程,这种情况下的利息索赔应以事实和诚实信用原则为基础。特别是承包人利用自有资金的情况,其索赔费用实质上是一种机会损失,承包人需提出有力的证据。

6)利润

一般在下列三种情况下,承包人可以进行利润索赔。

(1)合同变更或额外成本支出引起计划利润损失

合同变更部分的计价是以合同价格为基础的，其中就必然含有利润因素。对于合同变更，按国际惯例，只要合同中有可以适用的价格，就应该套用。即使合同价格不完全适用合同变更情况，也应该是在套用的合同价格基础上附加上成本差额，即将原报价中相应工作项目的合理成本与实际变更工作项目的合理成本之间的差额加到费率表的相应价格中去。换言之，对承包人来说，合同变更工作的利润率完全取决于其在投标报价中所采取将自己置于何种有利或不利境地的立场。

(2)合同延期导致机会利润损失

如果由于业主原因引起合同延期，从而导致承包人丧失了本来可以承揽其他新工程而取得利润的机会，承包人可就由此而遭受的损失，即机会利润损失，向业主提出索赔。在这种情况下，由于合同延期，承包人不得不继续在本合同项目保留原已安排用于其他工程的人员、设备和流动资金等，这些一起构成了相当于盈利机会的工程合同机构。承包人的延期利润索赔数即为其工程合同机构本可以在合同按期完工后在其他工程项目上赢得的利润。

承包人的延期利润索赔不是以其额外工作的数量或直接损失的程度为依据，而是以其工程合同机构的潜在盈利能力为依据。它直接受合同延期的时间长短、合同机构的潜在盈利能力和工程承包市场状况等因素影响，而与被延期合同的盈利性没有直接关系。

(3)合同终止带来预期利润损失

如果由于业主原因导致合同提前终止或解除，承包人有权就预期利润，即剩余未完合同工作的利润损失，提出索赔。在这种情况下，承包人根据损失赔偿原则提出利润索赔所依据的理论基础与合同延期的情况是完全不同的。此时，承包人是否可以提出利润索赔及其数量的多少，取决于该合同的实际盈利性，以及截止合同终止时对已完工程的付款数额。其计算如下：

$$C_p = T - M - N$$

式中：C_p——索赔的利润数；

T——工程全部完工情况下的合同总价值；

M——业主已支付的工程款数额；

N——剩余工作的成本。

6. 管理费索赔的确定

管理费是建筑工程成本中的一种间接费用，包括现场管理费和总部管理费。FIDIC 条款明确规定现场管理费和总部管理费都是工程成本的合理组成部分。无论哪种索赔，现场管理费和总部管理费都可以包括在索赔费用中。

(1)现场管理费索赔款中的现场管理费是指承包人完成额外工程、索赔事项工作以及工期延长期间的现场管理费，包括管理人员工资、办公费等。但如果对部分工人窝工损失索赔时，因其他工程仍然进行，可能不予计算现场管理费索赔。

(2)款中的上级部门或公司管理费主要指的是工程延误期间所增加的管理费。这项索赔款的计算通常如下：

$$\text{现场管理费} = \text{现场管理费率}(\%) \times \text{直接费用}$$

其中：

$$\text{现场管理费率} = \text{现场间接费总额} / \text{工程直接费总额}$$

$$\text{上级部门或公司管理费} = \text{上级部门或公司管理费率}(\%) \times (\text{直接费索赔款额} + \text{现场管理费索赔款额})$$

7. 综合费用索赔

一般来说，工程费用索赔不只是某一单个费用项目的索赔，往往包含很多费用项目，由多个单项索赔组成的一揽子费用索赔称为综合费用索赔。

总体上说,综合费用索赔的计算方法不外乎下面三种。

1)分项法

分项计算法是按照每个(或每类)引起损失的干扰事件以及这些事件造成的损失费用项目,再根据前面所述的单个索赔费用项目的计算原则和方法,分别进行分析、计算,最后汇总求出综合索赔费用。

分项法虽然计算复杂,处理起来比较困难,但是它不仅能切实反映实际情况,计算过程合理,而且为索赔报告的分析、评价,乃至索赔的最终谈判和解决都提供了方便,所以,综合费用索赔的计算通常都采用分项法。分项法是综合费用索赔计算的最基本方法,其步骤为:

(1)分析每个(或每类)干扰事件所影响的费用项目,即干扰事件引起哪些项目的费用损失。

(2)计算各索赔费用项目的损失值。

(3)将各费用项目的计算值列表汇总,得到总费用索赔值。

2)总费用法

总费用法的基本思路是把固定总价合同转化为成本加酬金合同,将索赔值按成本加酬金的计算方法进行计算,即以承包人的额外成本为基础,加上管理费,有时还可加上利润。一般地,总费用法可如下表达:

索赔值 = 总成本增加量 + 管理费(总成本增加量 × 管理费费率) + 利润[(总成本增加量 + 管理费) × 利润率]

这种方法一般不容易被业主或仲裁人认可,故用得很少。它的应用有以下几个前提条件:

(1)合同实施所发生的总费用的计算是准确的,合同成本计算符合普遍认可的会计原则,成本的分摊方法、分摊基础选择合理。

(2)承包人的报价合理,能反映实际情况。如果合同报价不合理或不正确,必然会导致成本加酬金法计算的索赔额不合理、不正确。

(3)实际总成本和报价总成本所包含的费用内容必须一致,否则将实际总成本和报价总成本进行比较便没有什么意义。

(4)费用损失完全是由业主应负责的原因引起,承包人在合同整个实施过程中无任何失误。

3)修正的总费用法

修正的总费用法是对总费用法的改进,即在总费用计算的基础上,去掉一些不合理的因素,使其更合理。

修正的内容如下:

(1)将计算索赔款的时段局限于受到外界影响的时间,而不是整个施工期;

(2)计算受影响时段内的某项工作所受影响的损失,而不是计算该时段内所有施工工作所受的损失;

(3)与该项工作无关的费用不列入总费用中;

(4)对投标报价费用重新进行核算,即按受影响时段内该项工作的实际单价进行核算,乘以实际完成的该项工作的工程量,得出调整后的报价费用。

按修正后的总费用计算索赔金额的公式如下:

索赔金额 = 某项工作调整后的实际总费用 - 该项工作的报价费用

修正的总费用法与总费用法相比,有了实质性改进,其准确程度已接近实际费用法。

【例1】 某高速公路由于业主高架桥修改设计,监理工程师下令承包人工程暂停一个月。试分析在这种情况下,承包人可索赔哪些费用?

解:可索赔如下费用:

(1)人工费:对于不可辞退的工人,索赔人工窝工费,应按人工工日成本计算;对于可以辞退的工人,可索赔人工上涨费。

(2)材料费:可索赔超期储存费用或材料价格上涨费。

(3)施工机械使用费:可索赔机械窝工费或机械台班上涨费。自有机械窝工费一般按台班折旧费索赔;租赁机械一般按实际租金和调进调出的分摊费计算。

(4)分包费用:是指由于工程暂停分包人向总包索赔的费用。总包向业主索赔应包括分包人向总包索赔的费用。

(5)现场管理费:由于全面停工,可索赔增加的工地管理费。可按日计算,也可按直接成本的百分比计算。

(6)保险费:可索赔延期一个月的保险费。按保险公司保险费率计算。

(7)保函手续费:可索赔延期一个月的保函手续费。按银行规定的保函手续费率计算。

(8)利息:可索赔延期一个月增加的利息支出。按合同约定的利率计算。

(9)上级部门或公司管理费:由于全面停工,可索赔延期增加的上级部门或公司管理费。如果工程只是部分停工,监理工程师可能不同意总部管理费的索赔。

8. FIDIC《施工合同条件》1999 年第一版中承包人可引用的索赔条款(表 6-3)

FIDIC《施工合同条件》1999 年第一版中承包人可引用的索赔条款 表 6-3

序号	合同条款	条款主要内容	索赔内容
1	1.3	通信交流	$T+C+P$
2	1.5	文件的优先次序	$T+C+P$
3	1.8	文件有缺陷或技术性错误	$T+C+P$
4	1.9	延误的图纸或指示	$T+C+P$
5	1.13	遵守法律	$T+C+P$
6	2.1	业主未能提供现场	$T+C+P$
7	2.3	业主人员引起的延误、妨碍	$T+C$
8	3.3	工程师的指示	$T+C+P$
9	4.7	因工程师数据差错,放线错误	$T+C+P$
10	4.10	业主应提供现场数据	$T+C+P$
11	4.12	不可预见的物质条件	$T+C$
12	4.20	业主设备和免费供应的材料	$T+C$
13	4.24	发现化石、硬币或有价值的文物	$T+C$
14	5.2	指定分包人	$T+C+P$
15	7.4	工程师改变规定试验细节或附加试验	$T+C+P$
16	8.3	进度计划	$T+C+P$
17	8.4	竣工时间的延长	$T+C+P$
18	8.5	当局造成的延长	T
19	8.9	暂停施工	$T+C$

续上表

序 号	合同条款	条款主要内容	索赔内容
20	10.2	业主接受或使用部分工程	$C+P$
21	10.3	工程师对竣工试验干扰	$T+C+P$
22	11.8	工程师指令承包人调查	$C+P$
23	12.3	工作测出的数量超过工程量表的10%	$T+C+P$
24	12.4	删减	C
25	13	工程变更	$T+C+P$
26	13.7	法规改变	$T+C$
27	13.8	成本的增减	C
28	14.8	延误的付款	$T+C+P$
29	15.5	业主终止合同	$C+P$
30	16.1	承包人暂停工作的权利	$T+C+P$
31	16.4	终止时的付款	$T+C+P$
32	17.4	业主的风险	$T+C+P$
33	18.1	当业主为应投保方而未投保时	C
34	19.4	不可抗力	$T+C$
35	20.1	承包人的索赔	$T+C+P$

注：T-工期；C-成本；P-利润。

（七）考点7：工期索赔

1. 工期索赔的含义

是指承包人由于业主的原因或者双方不可以控制的因素引起工程延误时，承包人向业主提出的延长工期的要求。这类索赔往往与工程延误有关，但工程延误不一定都能得到延长工期。

2. 工程延误划分

由于影响的原因和造成的后果不同，可把工程延误分为：

1）可原谅延误与不可原谅延误

（1）可原谅延误是指允许延长工期的延误，一般指非承包人过错所引起的工程施工延误，如由于不可抗力因素的影响造成的延误，虽然不一定能得到经济补偿，但应是可以原谅的，承包人有权获准延长合同工期。

（2）不可以原谅延误是指因可预见的条件或在承包人控制之内的情况，或由承包人自己的问题与过错而引起的延误。

2）可补偿延误与不可补偿延误

（1）可补偿延误是承包人有权同时要求延长工期和经济补偿的延误。

（2）不可补偿延误是指可给予延长工期，但不能对相应经济损失给予补偿的可原谅延误。

3）共同延误与非共同延误

（1）共同延误是指两项或两项以上的单独延误同时发生。

（2）非共同延误是指单一的只发生一项延误，而没有其他延误同时发生。

4)关键延误与非关键延误

(1)关键延误是指在网络计划关键线路上活动的延误。

(2)非关键延误是指非关键线路上活动的延误。

以上各种延误,详见交通部公路监理培训教材《合同管理》第11章第1节。

3. 工程延期的含义和原因

根据合同条件第44.1款的规定,工程延期是指由于并非承包人的自身原因所造成的经监理工程师批准的合同竣工期限的延长。因此,工程延期应为可原谅、关键延误。

《公路工程国内招标文件范本》(2003年版)"合同通用条款"中引起工程可能延期的主要条款如表6-4所示,其中第44.1款给予了工程延期的主要原因。

"合同通用条款"中引起工程可能延期的主要条款 表6-4

原　因	条款号	备　注
图纸或指示的迟发	第6条	指按进度计划应提供的图纸或按合同规定期限应给出的指示
遇到不利的实物障碍或自然条件	第12条	指有经验的承包人无法预测的
工程受到损害或延误	第20、65条	由于业主的风险与特殊风险
工程暂停	第40条	
未能取得施工用地	第42条	指按施工进度计划所需用地
异常恶劣的气候条件	第44条	
追加了额外的工程量	第51条	指重大的变更
由业主造成的任何延误、干扰或阻碍	第69条	例如业主自行采购的材料设备未能按要求提交承包人,或是业主自行分包的工程延误影响承包人的工作
承包人自身原因以外的其他发生的特殊原因		

4. 工程索赔分析的一般步骤

(1)原因分析

引起工程延误的原因是否是非承包人自身的,如果是承包人自身原因造成的,则不与批准工期索赔,否则,有可能给予工期索赔。

(2)运用有关分析手段(如网络计划技术),分析延误事件是否发生在关键线路上,是否对工程总工期造成影响,如果对总工期不造成影响,不予批准延期。

(3)责任分析

结合第(2)步分析,进行责任分析,进一步确定是否还给予费用索赔。

(4)索赔结果分析

假定索赔的条件都成立,分析确定给予承包人批准多长时间、多少费用。

交通部公路监理培训教材《合同管理》P279 图11-1、《公路工程国内招标文件范本》(2003年版)"合同通用条款"第44.2—44.4款给出了工程延期的审批程序。

注:《合同管理》,雷俊卿主编.北京:人民交通出版社,1999,全书余同。

5. 工程延期计算方法(表 6-5)

工程延期计算方法　　表 6-5

方　法	内　容
1. 工期分析法	依据合同工期的网络进度计划图,考察承包人按监理工程师的指示,完成各种原因增加的工程量所需用的工时,以及工序改变的影响,算出损失进度以确定延期的天数
2. 实测法	承包人按监理工程师的书面工程变更指令,完成变更工程所用的实际工时
3. 类推法	按照合同文件中规定的同类工作进度计算工期延长
4. 工时分析法	某一工种的分项工程项目延误事件发生后,按实际施工的程序统计出所用的工时总量,然后按延误期间承担该分项工程工种的全部人员投入施工来计算要延长的工期
5. 造价比较法	若施工中出现了很多大小不等的工期索赔事由,较难准确地单独计算,可经双方协商,采用造价比较延误期间承担该分项工程工种的全部人员投入施工来计算要延长的工期
6. 折合法	当计算出某一分部分项工程的工期延长后,还要把局部工期转变成整体工期。这可以用局部工程的工作量占整个工程工作量的比重来折算

(八)例题

1. 单项选择题(每题的备选项中,只有 1 个最符合题意)

(1)对于规模较小,技术不太复杂的中小型工程,承包方一般在报价时可以合理地预见到实施过程中可能遇到的各种风险,这时一般会采用(B)。

A. 固定单价合同　　B. 总价合同

C. 成本加酬金合同　　D. 可调单价合同

(2)在按成本加酬金确定合同价时,最不利于降低成本的是(D)。

A. 成本加固定利润　　B. 成本加固定金额酬金

C. 成本加奖罚金　　D. 成本加固定百分比酬金

(3)组成 FIDIC 合同文件的以下组成部分可以互为解释,互为说明。当出现含糊不清或矛盾时,具有第一优先解释顺序的文件是(B)。

A. 合同通用条件　　B. 合同协议书

C. 投标书　　D. 合同专用条件

(4)在工程网络计划中,工作 M 的最迟完成时间为第 25 天,其持续时间为 6 天。该工作有三项紧前工作,它们的最早完成时间分别为第 10 天、第 12 天和第 13 天,则工作 M 的总时差为(A)。

A. 6 天　　B. 9 天

C. 12 天　　D. 15 天

(5)在网络计划中,某项工作(A)最小,则称该工作为关键工作。

A. 总时差　　B. 自由时差

C. 持续时间　　D. 间隔时间

(6)下列关于施工合同的变更,说法不正确的是(B)。

A. 施工中承包人提出的合理化建议涉及到对设计图纸或者施工组织设计的变更及对原材料、设备的换用,须经工程师同意

B. 工程师同意采用承包人的合理化建议,所发生的费用由发包人承担

C. 承包人未经工程师同意擅自变更设计的,因擅自变更设计发生的费用和由此导致发包人的直接损失,由承包人承担,延误的工期不予顺延

D. 承包人不得对原工程设计进行变更

(7)工程变更总费用增加或减少总共超过“有效合同价格”的(C)时,应在合同价格上加上或扣除一笔调整金额。

A. 25%　　B. 20%

C. 15%　　D. 10%

(8)某路基工程,工程量清单估计工程量为1500万m^3,土方单价为16元/m^3,实际施工中,工程量超过估计工程量的10%,土方单价调整为15元/m^3。结束时,实际完成土方工程量为1800万m^3,则土方工程款为(D)。

A. 28500万元　　B. 28800万元

C. 27000万元　　D. 28650万元

(9)工程变更的内容包括(A)。

A. 设计变更、进度计划变更和施工条件变更

B. 设计变更、基础类型变更和施工条件变更

C. 进度计划变更、基础类型变更和施工条件变更

D. 设计变更、基础类型变更和进度计划变更

(10)一般情况下,合同中所指的索赔是指(D)所提出的索赔要求。

A. 监理工程师　　B. 业主

C. 建设方　　D. 承包方

(11)索赔最主要的依据是(D)。

A. 中标通知书　　B. 合同协议书

C. 投标书　　D. 合同文件

(12)在下列索赔事件中,承包人不能获得费用索赔的是(D)。

A. 业主要求加速施工导致工程成本增加

B. 由于业主和工程师原因造成施工中断

C. 设计中某些工程内容错误导致工期延误

D. 恶劣天气导致施工中断、工期延误

(13)索赔费用的计算方法不包括(D)。

A. 总费用法　　B. 修正的总费用法

C. 实际费用法　　D. 修正的实际费用法

2. 多项选择题(每题的备选项中,只有2个或2个以上符合题意,至少有1个错项)

(1)如下关于网络图和横道图的描述中,正确的有(ADE)。

A. 网络图可以明确表达各项工作的逻辑关系

B. 网络图直观、形象

C. 横道图不能确定工期

D. 网络图可以确定关键工作和关键路线

E. 网络图可以确定工作的机动时间

(2)下列有关工程网络计划叙述正确的是(AC)。

A. 关键工作组成的线路一定是关键线路

B. 关键线路上允许有虚工作和波形线的存在

C. 某工序的总时差为零,则其自由时差必为零

D. 自由时差为零时,总时差必为零

E. 由关键节点组成的工序一定是关键工序

(3)工程网络计划的计算工期等于(ACE)。

A. 单代号网络计划中终点节点所代表的工作地最早完成时间

B. 单代号网络计划中终点节点所代表的工作地最迟完成时间

C. 双代号网络计划中结束工作最早完成时间的最大值

D. 双代号网络计划中结束工作最迟完成时间的最大值

E. 时标网络计划中最后一项关键工作地最早完成时间

(4)FIDIC 合同条件下的变更分为(CD)。

A. 技术上的变更

B. 结构形式上的变更

C. 工程上的变更

D. 合同上的变更

E. 工程数量上的变更

(5)在确定变更工程的单价时,对于采用工程量清单内的单价可以采取的方式有(ABC)。

A. 直接套用

B. 间接套用

C. 部分套用

D. 参照套用

E. 近似套用

(6)工程量清单中某一支付细目工程数量变更后,要调整其单价的条件为(AD)。

A. 该细目所列金额超过合同价的 2%

B. 该细目实际变更数量超过或小于工程量清单中所列数量的 15%

C. 该细目所列金额超过合同价格的 15%

D. 该细目实际变更数量超过或小于工程量清单中所列数量的 25%

E. 该细目实际变更金额超过或低于合同价的 10%

(7)索赔是工程承包合同履行过程中经常发生的(ADE)。

A. 双方合作的方式

B. 对立行为

C. 惩罚行为

D. 经济补偿行为

E. 正常现象

(8)施工索赔从索赔的目的来看可分为(CD)。

A. 单项索赔

B. 数量索赔

C. 工期索赔

D. 费用索赔

E. 综合索赔

(9)建设工程索赔成立的条件有(ABC)。

A. 与合同对照,事件已造成了承包人的额外支出或直接工期损失

B. 造成费用增加或工期损失的原因,按合同约定不属于承包人的行为责任或风险责任

C. 承包人按合同规定的程序提交索赔意向通知和索赔报告

D. 造成费用增加或工期损失额度巨大

E. 索赔费用容易计算

(10)业主向承包人的索赔包括(ABCE)索赔。

A. 质量不满足合同要求　　B. 承包人不履行的保险费用

C. 对超额利润的　　D. 拖延支付工程款的

E. 工期延误

(11)承包人因(ABDE)等原因,可以向业主提出费用索赔申请。

A. 工程变更　　B. 现场条件变化

C. 承包人施工方案措施优化　　D. 业主违约

E. 战争

(12)承包人因(ABC)等原因,可以向业主提出工期索赔申请。

A. 延迟支付预付款　　B. 业主指令延误

C. 工程范围变更　　D. 劳动生产率低

E. 开工延误

(13)对于承包人提出的索赔申请,监理工程师应对有关索赔资料进行审定,包括(BCDE)。

A. 计量分析　　B. 工程量审定

C. 单价分析　　D. 费率分析

E. 索赔细目审定

(14)影响人工费的索赔计算结果的因素有(BCE)。

A. 项目工期　　B. 工资单价

C. 人工数　　D. 管埋人员数

E. 应赔偿天数

(15)工程费用索赔中的人工费包括(BCDE)。

A. 由于承包人的原因导致的返工费用

B. 完成合同之外的额外工作所花费的人工费用

C. 由于非承包人责任的工效降低所增加的人工费用

D. 超过法定工作时间的加班劳动

E. 法定人工费增长以及非承包人责任工程延期导致的人工窝工费和工资上涨费等

(16)施工机械使用费的索赔包括(ADE)。

A. 完成额外工作增加的机械使用费

B. 恶劣天气引起机械降效增加的机械使用费

C. 由于施工组织设计原因造成机械停工的窝工费

D. 监理工程师原因造成机械停工的窝工费

E. 业主原因造成工效降低增加的机械使用费

(17)由于业主原因,导致工程暂停两个月,承包人可以索赔的费用有(ABCD)。

A. 人工窝工费　　B. 机械设备窝工费

C. 增加的利息支出　　D. 材料涨价费

E. 利润

(18)价格调整一般采用(AC)。

A. 票证法　　B. 凭证法

C. 公式法　　D. 估价法

E. 均摊法

3. 判断题

(1)由关键节点组成的线路一定是关键线路。 (C)

(2)单价合同大多用于工期长、技术复杂、实施过程中发生各种不可预见因素较多的大型复杂工程的施工,以及业主为了缩短项目建设周期,初步设计完成后就进行施工招标的工程。 (T)

(3)委托工程师对工程施工进行监理是采用 FIDIC《土木工程施工合同条件》对工程项目进行管理的前提条件之一。 (T)

(4)承包人或发包人不能接受监理工程师对索赔的答复时,即进入仲裁或诉讼程序。(T)

(5)特殊风险与业主违约导致合同中止支付的根本区别在于:前者只补偿成本,而后者还应包括对承包人利润损失的补偿。 (T)

(6)当一个工程细目变更后的实际工程量大于或小于工程量清单所列数量的 15% 时应考虑价格调整。 (C)

(7)在工程实施过程中,无论任何一方提出的工程变更,均需由工程师确认并签发工程变更指令。 (T)

(8)调价公式中的非调价因数 C_0,是指支付中进行调整的金额的权重系数,不进行调整的金额指固定的间接费用和利润、保险费和各类税收以及业主固定价格提供的材料和按现行价格支付的项目等。 (C)

附录1 综合复习题一及参考答案

一、单选题

1. 某建设单位拟向银行贷款，现有两家银行可供选择。甲银行贷款年利率为6%，每半年计息一次，乙银行贷款年利率为5.4%，每月计息一次，则甲、乙两家银行的实际利率关系：(　)。

A. 甲银行实际利率大于乙银行实际利率　B. 甲、乙银行实际利率相等

C. 甲银行实际利率小于乙银行实际利率　D. 甲、乙银行实际利率不具可比性

2. 利用价值工程评价项目产品，价值工程中"价值"的含义是(　)。

A. 项目产品的价值

B. 项目产品的功能

C. 项目产品的功能和实际这个功能所耗费用的比值

D. 实现项目产品功能所耗费用

3. 某项目在其经济寿命期内的净现值为100万元，行业基准收益率为12%，则说明(　)。

A. 该项目在经济寿命期内的投资收益大小为100万元

B. 项目的收益率为12%

C. 项目的收益率小于12%

D. 项目除达到12%的行业基准收益外，还获得了100万元的收益

4. 建设工程从筹建到竣工投产全过程中发生的所有实际支出构成工程项目的(　)。

A. 投资估算　B. 竣工决算　C. 项目总概算　D. 竣工结算

5. 投标报价时，工程量清单中没有填入单价或总额价的细目，其费用应视为(　)。

A. 已分配在工程量清单的其他单价或总额价之中

B. 未包含在投标价中

C. 已包含在暂定金额中

D. 以计日工的方式计价

6. 对于规模较小，技术不太复杂的中小型工程，承包方一般在报价时可以合理地预见到实施过程中可能遇到的各种风险，这时一般会采用(　)。

A. 固定单价合同　B. 总价合同　C. 成本加酬金合同　D. 可调单价合同

7. 某灌注桩清孔后沉积层仍超过规定厚度。二次清孔后，孔深增加，浇注后的实际桩长比设计桩长增加1.3m。承包人要求对增加的混凝土量给予计量。监理工程师认为(　)。

A. 不予计量　B. 对承载力有好处，应予计量

C. 计量增加混凝土量的一半　D. 征得业主同意后，准予计量

8. 承包人为保证规定工期，将施工组织中路基土方的推土机、铲运机上土改为挖掘机配汽车上土，承包人请求按实际采用方法予以价格调整，监理工程师应当(　)。

A. 同意按实际价格计算　B. 适当给予补偿

C. 按原报价结算　　D. 征得业主同意后，准予调整

9. 工程变更总费用增加或减少总共超过“有效合同价格”的(　)时，应在合同价格上加上或扣除一笔调整金额。

A. 25%　　B. 20%　　C. 15%　　D. 10%

10. 由于业主破产，长期拖延支付工程款，根据合同规定，承包人可向业主提出(　)。

A. 工期索赔　　B. 业主延误索赔

C. 现场条件变化引起的索赔　　D. 业主违约引起的索赔

二、多选题

1. 对于生产性建设项目的盈方平衡分析，可依据(　)等指标来确定其盈方平衡点。

A. 正常生产年份的产品产量　　B. 可变成本

C. 不变成本　　D. 产品价格

E. 销售税金

2. 项目评价主要应进行(　)。

A. 财务评价　B. 国民经济评价　C. 敏感性分析　D. 社会评价　E. 风险评价

3. 价值工程作为一种方法，已由零星的、定性的发展为系统的、定量的分析研究，其在功能评价方面形成的几种代表性的方法是(　)。

A. 价值标准评价方法　　B. 专家预测法

C. 功能重要性系数评价方法　　D. “最合适区域”法

E. 功能整理法

4. 下列(　)指标属于项目财务评价指标。

A. 动态投资回收期　　B. 财务净现值

C. 投资利润率　　D. 等额年金值大小

E. 项目总投资

5. 从价值工程原理的表达式 $V=F/C$ 中，可通过(　)几种途径来提高产品的价值。

A. 产品功能不变，降低产品成本

B. 产品成本虽有增加，但功能提高幅度更大

C. 产品功能不变，提高产品成本

D. 产品功能适当降低，产品成本大幅度降低

E. 产品成本降低，产品功能提高

6. 反映项目财务状况的主要指标有(　)。

A. 财务内部收益率　　B. 资产负债率

C. 流动比率　　D. 速动比率

E. 项目净现值

7. 定额按其适用范围分(　)。

A. 国家定额　B. 行业定额　C. 地区定额　D. 预算定额　E. 企业定额

8. 工程项目竣工决算的内容包括(　)。

A. 设备工、器具购置费　　B. 铺底流动资金

C. 建筑安装工程费　　D. 征地拆迁费

E. 工程项目投资利息

9. 工程项目竣工投入运营后，所花费的总投资应按会计制度和有关税法的规定，形成新增(　)。

A. 整体资产　B. 固定资产　C. 无形资产　D. 流动资产　E. 折旧资产

10. 影响工程项目直接费大小的因素有(　)。

A. 设计质量　B. 职工培训费

C. 施工方法　D. 现场管理人员工资

E. 材料预算价格

11. 材料费是指材料预算价格与工程所需材料数量的乘积。材料预算价格由(　)组成。

A. 包装品回收　B. 材料供应价

C. 运杂费及场外运输损耗　D. 采购及保管费

E. 施工场地内的二次搬运费

12. 构成直接工程费的项目有(　)。

A. 现场经费　B. 冬、雨季施工增加费

C. 施工技术装备费　D. 工料机费用

E. 施工管理费

13. 工程费用概算的内容包括(　)。

A. 研究试验费　B. 建安工程费

C. 建设单位管理费　D. 预留费

E. 设备工、器具及家具购置费

14. 可作为竣工决算编制依据的有(　)。

A. 可行性研究报告及其投资估算　B. 设备概算或修正概算

C. 招投标的标底、承包合同、工程结算资料　D. 项目预测的现金流量

E. 设备、材料调价文件和调价记录

15. 工程项目竣工投入运营后，新增固定资产价值构成为(　)。

A. 工程费用　B. 固定资产其他费用

C. 预备费　D. 融资费用

E. 固定资产折旧费

16. 费用成本分析包括(　)。

A. 量本利分析法　B. 事前的成本预测分析

C. 施工过程中费用成本分析　D. 因素分析法

E. 事后费用成本分析

17. 工程量清单的作用主要体现在(　)。

A. 便于招标单位编制标底　B. 为投标人提供报价基础

C. 为工程计量与支付提供依据　D. 为索赔提供依据

E. 为编制施工预算提供依据

18. 工程量清单前言强调工程量清单中有标价的单价或总额价已包括了为实施和完成合同工程所需(　)。

A. 工、料、机费用　B. 质检、安装、缺陷修复

C. 管理、保险、利税　D. 劳务涨价费用

E. 材料涨价费用

19. 对进行计量的工程必须满足(　)条件。

A. 进度计划要求　B. 计量的项目应符合合同要求

C. 质量必须达到合同规范标准要求　D. 验收手续必须齐全

E. 工程细目已完工

20. 工程计量的依据有(　)。

A. 质量合格证书　B. 工程量清单单价

C. 工程量清单前言　D. 技术规范

E. 设计图纸

21. 根据 FIDIC 合同条件的规定,监理工程师在工程费用监理中的职责与权限主要体现在(　)几方面。

A. 工程索赔　B. 投资控制　C. 工程计量　D. 工程变更　E. 工程费用支付

22. 钢筋混凝土和预应力混凝土沉入桩,分不同桩径按桩身的长度,以 m 为单位计量,计价中包括(　)。

A. 材料的采备、供应、加工、运输　B. 桩的制作、沉入

C. 桩头处理,无破损检测　D. 钢筋和预应力钢材费用

E. 桩的承载试验

23. FIDIC 合同条件赋予监理工程师在工程费用支付中的权力有(　)。

A. 审查、签发支付证书　B. 具有对合同价格进行调整的权力

C. 具有确认工程变更和索赔所产生费用的权力　D. 下令动用计日工

E. 动用暂定金额及保留金

24. 按支付内容可将支付分为(　)。

A. 前期支付　B. 工程量清单内的支付

C. 中期支付　D. 合同支付

E. 最终支付

25. 下列支付属于合同支付的内容有(　)。

A. 计日工　B. 工程变更　C. 工程索赔　D. 暂定金额　E. 保留金

26. 监理工程师指令使用计日工时,承包人应每日填写的报表有(　)。

A. 用工清单　B. 材料清单

C. 机械设备清单　D. 费用清单

E. 费用汇总表

27. 项目所需进口材料、设备的到岸价即 CIF,其价格构成为(　)。

A. 关税　B. 国外购置价　C. 国外运杂费　D. 途中保险费　E. 增值税

28. 按照合同条件规定,永久性工程的付款包括(　)。

A. 工程量清单　B. 工程变更　C. 价格调整　D. 计日工　E. 费用索赔

29. FIDIC 合同条件下的变更分为(　)。

A. 技术上的变更　B. 结构形式上的变更

C. 工程上的变更　D. 合同上的变更

E. 工程数量上的变更

30. 工程变更后,准确的工程数量应从(　)获取。

A. 设计图纸　　B. 合同文件
C. 技术规范　　D. 监理工程师的记录
E. 承包人提供的工程数量

31. 对于采用工程量清单内的单价可分(　)。
A. 直接套用　B. 间接套用　C. 部分套用　D. 参照套用　E. 近似套用

32. 承包人可因(　)等原因,向业主提出费用索赔申请。
A. 工程变更　　B. 现场条件变化
C. 承包人施工方案措施优化　　D. 业主违约
E. 战争

33. 承包人因(　)等原因,向业主提出工期索赔申请。
A. 延迟支付预付款　　B. 业主指令延误
C. 开工延误　　D. 劳动生产率低
E. 工程范围变更

34. 对于承包人提出的索赔申请,监理工程师应重新计算索赔费用,包括(　)。
A. 索赔细目审定　　B. 工程量审定
C. 单价分析　　D. 费率分析
E. 计量分析

35. 对于人工费的索赔,可由(　)几项确定。
A. 项目工期　B. 工资单价　C. 人工数　D. 管理人员数　E. 应赔偿天数

36. 价格调整一般采用(　)。
A. 票证法　B. 凭证法　C. 估价法　D. 公式法　E. 均摊法

37. 施工合同中止往往由(　)几方面原因引起。
A. 自然灾害　　B. 战争、叛乱、骚乱
C. 承包人违约　　D. 监理工程师违约
E. 业主违约

38. 建设项目融资的基本特点有(　)。
A. 有限追索　　B. 风险分担
C. 非公司负债型融资　　D. 信用结构多样化
E. 融资成本较高

39. 资产评估常用方法有(　)。
A. 估价法　B. 成本法　C. 收益现值法　D. 市场法　E. 逆推法

40. 由于业主原因,导致工程暂停两个月,则下列(　)费用承包人可索赔。
A. 人工窝工费　　B. 机械设备窝工费
C. 增加的利息支出　　D. 利润
E. 材料涨价费

三、判断题

1. 资金利息计算,采用静态计算没有考虑资金时间价值,采用动态计算则考虑了资金时间价值。　(　)

2. 概算定额与预算定额都属于计价定额，不同的是在项目划分和综合扩大程度上存在差异，以适用于不同设计阶段的计价需要。（ ）

3. 施工技术装备费是由定额直接工程费与间接费之和为基数，乘以相应费率。（ ）

4. 在施工图不完整或当准备发包的工程项目内容、技术经济指标一时尚不能明确、具体地予以规定时，往往要采用总价合同形式。（ ）

5. 对于清单工程量，是施工生产前的预计数量，不是承包人应予以完成的实际和准确工程量，其准确性高低，影响不大。（ ）

6. 桥梁工程中钢筋骨架所用的分离隔板，支撑钢筋和所有固定位置的钢材、垫块以及焊接、绑扎材料等，均不单独计量与支付。（ ）

7. 已经支付材料预付款的材料，设备的所有权应属于业主。（ ）

8. 动员预付款是一项由业主提供给承包人用作购买材料、设备的无息贷款。（ ）

9. 如果承包人在提交第一次付款申请，或者在这个时间以前提交一份由业主认可的银行保函，其担保金额为合同总价的5%，则可不再从中期支付证书中扣留保留金。（ ）

10. 特殊风险与业主违约导致合同中止支付的根本区别在于：前者只补偿成本，而后者还应包括对承包人利润损失的补偿。（ ）

四、综合问答题

1. 某投资者年收入为20万，银行要求所发放贷款年本息不得高于其年收入的30%，贷款利率为10%，期限为10年，要求按年等额还本付息。试问该投资者可能申请到的最大贷款额为多少？

2. 某项工程业主与承包人签订了工程施工合同，合同中含两个子项工程，估算工程量甲项为2300m^3，乙项为3200m^3，经协商合同价甲项为180元/m^3，乙项为160元/m^3，承包合同规定：

(1)开工前业主应向承包人支付合同价的20%的预付款；

(2)业主自第一个月起，从承包人的工程款中，按5%的比例扣保留金；

(3)当子项工程实际工程量超过估算工程量10%时，可进行调价，调整系数为0.9；

(4)根据市场情况规定价格调整系数平均按1.2计算；

(5)监理工程师签发月度付款最低金额为25万元；

(6)预付款在最后两个月扣除，每月扣50%。

承包人各月实际完成并经监理工程师签证确认的工程量如下表所示。

项目 \ 工程量(m^3) \ 月份	1	2	3	4
甲	500	800	800	600
乙	700	900	800	600

问题：(1)工程预付款为多少？

(2)从第一个月起，每月工程量价款是多少？

(3)监理工程师应签证的工程款是多少？

(4)实际签发的付款凭证金额是多少?

(5)工程支付工作的原则是什么?

(6) 工程量清单的作用有哪些?

参考答案

一、单选题

1. A　2. C　3. D　4. B　5. A　6. B　7. A　8. C　9. A　10. D

二、多选题

1. ABCDE	2. ABDE	3. ACD	4. ABC	5. ABDE
6. BCD	7. ABCE	8. ABCDE	9. BCD	10. ACE
11. BCD	12. ABD	13. BD	14. ABC	15. ABCD
16. BCE	17. ABCD	18. ABC	19. BCD	20. ACDE
21. CE	22. ABC	23. ABCDE	24. BD	25. BCE
26. ABCD	27. BCD	28. ABCE	29. CD	30. ABCDE
31. ABC	32. ABDE	33. ABE	34. ABCD	35. BCE
36. AD	37. BCE	38. ABCDE	39. BCD	40. ABCE

三、判断题

1. ×　2. √　3. √　4. ×　5. ×　6. √　7. √　8. ×　9. √　10. √

四、综合问答题

1. (1)投资者每年可用于偿还银行贷款本息资金最大额为:

$$20 \times 30\% = 6(\text{万元})$$

(2)投资者可能申请到的最大贷款额为:

$$P = A \times (P/A, i, n) = 6 \times (P/A, 10\%, 10) = 6 \times \frac{(1+10\%)^{10} - 1}{(1+10\%)^{10} \times 10}$$

$$= 6 \times 6.1446 = 36.87(\text{万元})$$

2. (1)工程预付款为:

$$(2300 \times 180 + 3200 \times 160) \times 20\% = 18.52(\text{万元})$$

第(2)到第(4)解答如下:

第一个月工程量价款为:$500 \times 180 + 700 \times 160 = 20.2$(万元);

应签证的工程款为:$20.2 \times 1.2 \times (1 - 5\%) = 23.028$(万元)。

由于合同规定监理工程师签发的最低额为25万元,故本月监理工程师不予签发付款凭证。

第二个月工程量价款为:$800 \times 180 + 900 \times 160 = 28.8$(万元);

应签证的工程款为：$28.8 \times 1.2 \times (1-5\%) = 32.832$（万元）；

本月实际签发付款凭证金额为：$23.028 + 32.832 = 55.86$（万元）。

第三个月工程量价款为：$800 \times 180 + 800 \times 160 = 27.2$（万元）；

应签证的工程款为：$27.2 \times 1.2 \times (1-5\%) = 31.008$（万元）；

应付款为：$31.008 - 18.52 \times 50\% = 21.748$（万元）$< 25$ 万元。

故本月监理工程师不予签发付款凭证。

四个月甲项工程累计完成总工程量 $2700m^3$，超过估算工程量的 10%，

$$(2700 - 2300)/2300 = 17.4\% > 10\%$$

超过 10% 部分应予调价，单价调整为：$180 \times 0.9 = 162$（元/m^2）。

工程量调价部分：$2700 - 2300 \times (1 + 10\%) = 170$（$m^3$）。

故甲项工程量价款为：

$$(600 - 170) \times 180 + 170 \times 162 = 10.494（万元）$$

乙项工程累计完成工程量为 $3000m^3$，未超过估算工程量的 10%，故不予调整价格。

完成工程量价款为：$600 \times 160 = 9.6$（万元）；

本月完成工程量价款为：$10.494 + 9.6 = 20.094$（万元）；

应签证工程款为：$20.094 \times 1.2 \times (1-5\%) = 22.907$（万元）；

本月实际签发付款凭证金额为：

$$21.748 + 22.907 - 18.52 \times 50\% = 35.395（万元）$$

(5)①支付必须以工程计量为基础；

②支付必须以技术规范和报价单为依据；

③支付必须及时；

④支付必须以日常记录和合同条款为依据；

⑤支付必须遵循严格的程序。

(6)主要体现在三个方面：

①便于招标单位编制标底；

②是为所有投标人提供一个报价计算的共同基础，使他们能够高效准确地编写报价单，合理地进行投标报价，又便于评标时的分析比较；

③为实施工程计量与支付提供重要依据。

附录2 综合复习题二及参考答案

一、单选题

1. 如果现金流出或现金流入不是发生在计息周期的初期或期末,而是发生在计息周期期间,为了简化计算,公认的习惯方法是将其代数和看成是在(　)。

A. 期中发生　B. 期初发生　C. 期末发生　D. 按实际发生期间计算

2. 融资租赁是将贷款(　)与出租三者有机结合在一起的设备租赁形式。

A. 设备的型号　B. 租金支付方式　C. 承租人　D. 贸易

3. 投资方向调节税,其税率分为5%,10%,15%,(　),30%五个档次。

A. 20%　B. 25%　C. 35%　D. 0%

4. 某建设项目设计生产能力为10000,产品单台销售价格为800元,年固定成本132万元,单台产品可变成本为360元,单台产品销售税金为40元,盈亏平衡点的销售收入应为(　)。

A. 256万元　B. 264万元　C. 281万元　D. 300万元

5. 工业交通建设项目工程总承包投标一般由(　)到竣工投产为止。

A. 可行性研究　B. 初步设计　C. 扩大初步设计　D. 施工图设计

6. 建设项目或单项工程全部建筑安装工程建设期在十二个月以内,或者工程承包合同价值在(　)万元以下的,可以实行工程价款每月月中预支,竣工后一次结算。

A. 50　B. 100　C. 150　D. 200

7.《公路基本建设工程概预算编制办法》96版规定,为了使费率计算的各项费用不受各地价格波动影响,除(　)外,均以概预算定额基价为计算基数。

A. 利润　B. 现场经费　C. 税金　D. 间接费

8. 行车干扰工程施工增加费是以(　)为基数,乘以相应费率计算而得。

A. 现场管理费　B. 受行车影响部分的工程的定额直接费之和

C. 受行车影响部分的工程的直接费之和　D. 受行车影响部分的工程的直接工程费之和

9. 对大型桥墩混凝土浇筑工程的计量工作应采取的计量方法是(　)。

A. 图纸法　B. 断面法　C. 分项计量法　D. 均摊法

10. FIDIC合同通用条件规定,业主收到监理工程师提交的中期付款证书(　)内或最终支付证书的(　)内应向承包人付款,否则将要支付延期付款利息。

A. 14天,45天　B. 45天,56天　C. 28天,56天　D. 14天,45天

二、多选题

1. 工程定额是生产单位合格产品或完成一定量工作所消耗的(　)等资源的数量标准。

A. 人力　B. 机械　C. 工作时间　D. 材料　E. 资金

2. 套用概算定额应当注意(　)。

A. 定额项目的综合内容　B. 核对施工图工程内容
C. 定额单位　D. 工程量计算规则
E. 核算工程数量

3. 建设项目管理的主要职能有(　)。
A. 决策职能　B. 计算职能　C. 组织职能　D. 协调职能　E. 控制职能

4. 施工项目部对施工项目控制的任务主要是施工阶段的(　)控制。
A. 投资　B. 进度　C. 质量　D. 安全　E. 成本

5. FIDIC 合同条件下工程费用管理的特点有(　)。
A. 业主与承包人共同使用　B. 承包人申请、使用
C. 监理工程师签认　D. 业主支付
E. 承包人与监理共同使用

6. 工程费用监理的原则有(　)。
A. 政策性原则　B. 合同原则
C. 公正原则　D. 责权利相结合原则
E. 费用控制原则

7. 项目经济评价常用的风险分析方法有(　)。
A. 投资回收期法　B. 盈方平衡分析
C. 敏感性分析　D. 概率分析
E. 内部收益率法

8. 价值工程评价方法的工作步骤一般可概括为(　)。
A. 方法选定　B. 分析问题　C. 方案决策　D. 综合研究　E. 方案评价

9. 基本建设项目按其建设性质分为(　)。
A. 新建项目　B. 扩建项目　C. 固定资产改建项目　D. 重建项目　E. 续建项目

10. 公路建设的 BOT 投资方式包含(　)几方面的含义。
A. 建设　B. 转卖　C. 经营　D. 转让　E. 回收

11. 公路建设项目后评价主要是对(　)进行评价。
A. 项目前期工作　B. 项目实施阶段内容
C. 项目建设方的工作业绩　D. 项目营运状况
E. 项目运作方式

12. 下列属于其他直接费的项目为(　)。
A. 夜间施工增加费　B. 施工辅助费
C. 施工中的水电费　D. 雨季施工增加费
E. 因场地狭小而发生的材料二次搬运费

13. 现场管理费中的其他单项费用是(　)。
A. 现场管理人员工资　B. 主副食运费补贴
C. 办公费　D. 固定资产使用费
E. 职工探亲路费

14. 承包人应交纳的税金为(　)。
A. 营业税　B. 增值税　C. 所得税　D. 城市建设维护税　E. 教育附加

15. 工程承包按承包人所处地位可分为(　)。

A. 总承包　　B. 分承包　　C. 直接承包　　D. 间接承包　　E. 联合承包

16. 招标工程项目,其标底的作用是(　)。

A. 作为招标方最高造价标准

B. 使招标单位预先明确自己在拟建工程上应承担的财务义务

C. 给上级主管部门提供核实建设规模的依据

D. 作为衡量投标单位标价的准绳

E. 是评标的重要尺度

17. 工程项目竣工投入运营后,新增固定资产价值构成为(　)。

A. 固定资产其他费用　　B. 预备费

C. 工程费用　　D. 融资费用

E. 固定资产折旧费

18. 对进行计量的工程项目必须满足(　)条件。

A. 进度计划要求　　B. 计量的项目应符合合同要求

C. 质量必须达到合同规范标准要求　　D. 验收手续必须齐全

E. 工程项目已完工

19. 工程量清单的内容包括(　)。

A. 工程量清单前言　　B. 工程细目

C. 计日工明细表　　D. 清单汇总表

E. 工程造价表

20. 工程量清单的优点表现在(　)。

A. 管理简单　　B. 准确性高　　C. 适应性强　　D. 竞争性强　　E. 保险性好

21. 承包人核算工程量时,应以(　)为参考。

A. 工程量清单前言　　B. 技术规范

C. 设计图纸　　D. 设计说明书

E. 设计规范

22. 前期支付包括(　)。

A. 保留金　　B. 动员预付款

C. 履约保函手续费　　D. 材料设备预付款

E. 保险手续费

23. 按时间分类,支付可分为(　)。

A. 前期支付　　B. 正常支付　　C. 中期支付　　D. 合同中止支付　　E. 最终支付

24. 根据 FIDIC 通用条件的规定,在承包人完成(　)工作后的 14 天内,监理工程师应按投标书附件中规定的额度向业主提交动员预付款证书。

A. 签订合同协议书　　B. 购买工程相关保险

C. 提交了履约银行保单　　D. 机械人员进场

E. 提交了动员预付款的保单

25. 可索赔的延误可分为(　)。

A. 以变更的方式处理　　B. 可索赔工期的延误

C. 可索赔工期和费用的延误　　D. 可索赔费用的延误

E. 工期、费用均不可索赔

26. 如发生(　)等情况,承包人可向业主提出利息索赔。

A. 业主超过合同规定时间支付工程款　B. 承包人贷款完成业主的变更工程

C. 承包商用自有资金完成新增工程　D. 业主扣除保留金

E. 承包人提交银行保函

27. 工程支付应遵循的原则是(　)。

A. 支付必须以工程计量为基础　B. 支付必须以技术规范和报价单为依据

C. 支付必须及时　D. 支付必须以日常记录和合同条款为依据

E. 支付必须遵循严格的程序

28. 工程变更后,准确的工程数量应从(　)获取。

A. 设计图纸　B. 合同文件

C. 技术规范　D. 监理工程师的记录

E. 承包人提供的工程数量

29. 按照合同条件规定,永久性工程的付款包括(　)。

A. 工程量清单　B. 工程变更　C. 价格调整　D. 计日工　E. 费用索赔

30. 工程项目融资的主要资金提供者是(　)。

A. 商业银行　B. 社保基金

C. 非银行金融机构　D. 国外政府的出口信贷机构

E. 国家政府

31. 投资项目的资本金通常可通过(　)几种方式筹集。

A. 银行贷款　B. 国家财政投资

C. 发行股票　D. 发行债券

E. 利用外资的直接投资

32. 投资项目负债筹资方式可以是(　)。

A. 银行贷款　B. 国家财政投资

C. 发行股票　D. 发行债券

E. 利用外资的直接投资

33. 下列资产属于有形资产的是(　)。

A. 存货　B. 短期证券　C. 长期证券　D. 专利权　E. 土地使用权

34. 在(　)几种经济活动中需对资产进行评估。

A. 企业贷款　B. 企业间的资产赠予　C. 企业联营　D. 企业破产　E. 企业担保

35. 资产评估的经济性原则是(　)。

A. 贡献原则　B. 有偿原则　C. 定量原则　D. 替代原则　E. 预期原则

36. 费用索赔成立的基本条件为(　)。

A. 承包人提交索赔报告　B. 索赔事实真实,资料齐全

C. 索赔费用在合同中未被包含　D. 承包人人员设备确进场,且无法另行安排

E. 承包人利润受到损失

37. 施工过程中发生了如下(　)情况,承包人可提出工期索赔。

A. 业主违约　B. 合同文件出错

C. 不利的自然条件　D. 物价上涨

E. 政策、法规变化

38. 进度计划一般有(　)几种。

A. 总体进度计划　　B. 一般进度计划

C. 年度进度计划　　D. 关键工程进度计划

E. 非关键工程进度计划

39. 价格调整的公式法中,将(　)视为不受物价上涨、下调影响的费用。

A. 管理费　B. 材料　C. 设备维修　D. 利润　E. 税金

40. 项目所需进口材料、设备的利率价即 CIF,其价格构成为(　)。

A. 关税　B. 国外购置价　C. 国外运杂费　D. 途中保险费　E. 增值税

三、判断题

1. 投资控制工作的重心应是项目的招投标及项目实施阶段。(　)
2. 施工设备、机械的出口信贷方式可作为公路工程项目建设的融资方式。(　)
3. 项目方案的财务效益是评判方案可行与否的唯一条件。(　)
4. 工程项目的概算、施工图预算、标底、报价、合同价等都可称为工程费用预算。(　)
5. 计划利润 =(直接工程费 + 间接费)× 计划利润率(　)
6. 对工程单价有着重大影响的因素是基础价格、工程定额、各种摊入系数。(　)
7. 通过工程计量工作可促进工程质量、进度的监督。(　)
8. 工程量清单的每一个细目,不论有无列出数量,都须填入单价或总价。(　)
9. 只有业主在没有完全履行合同规定义务时,给承包人造成损失,才能提出索赔。(　)
10. 监理工程师在工程费用支付中的职责是定期审核承包人的各类付款申请,为业主提供付款凭证,从而保证业主对承包人的支付公平合理。(　)

四、简答题

1. 材料预付款的支付条件是什么?
2. 按时间和金额计算扣回动员预付款的特点各是什么?
3. 竣工验收的程序是什么?
4. 企业定额的作用有哪些?
5. 计算资金成本对投资项目有何影响?

五、综合分析题

1. 某建设项目业主与承包人签订了工程施工承包合同,根据合同及其附件的有关条文,对索赔内容,有如下规定:

(1)因窝工发生的人工费以 25 元/工日计算,监理方提前一周通知承包人对不以窝工处理,以补偿费支付 4 元/工日。

(2)机械设备台班费:

塔吊:300 元/台班;混凝土搅拌机:70 元/台班;砂浆搅拌机:30 元/台班。因窝工而闲置时,只考虑折旧费,按台班费 70% 计算。

(3)因临时停工一般不补偿管理费和利润。

在施工过程中发生了以下情况:

(1)于6月8日至6月21日,施工到第七层时因业主提供的模板未到而使1台塔吊、1台混凝土搅拌机和35名支模工停工(业主已于5月30日通知承包方)。

(2)于6月10日至6月21日,因公用网停电停水使进行第四层砌砖工作的1台砂浆搅拌机和30名砌砖工停工。

(3)于6月20日至6月23日,因砂浆搅拌机故障而使1台砂浆搅拌机和35名工人停工。

问题:承包人在有效期内提出索赔要求时,监理工程师认为合理的索赔金额应为多少?

2. 某工程施工期5,6,7,8月份经监理工程师对现场材料的盘点,确定材料现场价值为50万、40万、60万、55万,试分析确定业主应在6,7,8三个月向承包人支付的材料预付款的金额,已知5月份,支付材料预付款为30万。

参考答案

一、单选题

1. C　2. D　3. D　4. B　5. B　6. B　7. C　8. B　9. C　10. C

二、多选题

1. ABDE	2. ACD	3. ABCDE	4. BCDE	5. BCD
6. ABCD	7. BCD	8. BDE	9. ABCD	10. ACE
11. ABD	12. ABD	13. BE	14. ADE	15. ABCE
16. BCDE	17. ABCD	18. BCD	19. ABCD	20. ACDE
21. BCD	22. BCE	23. ACE	24. ACE	25. BCD
26. ABC	27. ABCDE	28. ABCDE	29. ABCE	30. ACD
31. BCE	32. AD	33. ABC	34. ACDE	35. ADE
36. ABCD	37. ABC	38. ACD	39. DE	40. BCD

三、判断题

1. ×　2. √　3. ×　4. √　5. ×　6. √　7. √　8. ×　9. ×　10. √

四、简答题

1. (1)材料设备将被用于永久性工程;

(2)材料设备已运抵工地现场或监理工程师认可的承包人的生产场地;

(3)材料设备的质量和存放方法均满足合同要求;

(4)承包人向监理工程师提交材料设备的费用凭证或支付单据。

2. 按时间计算动员预付款扣回额每月相同,与每期支付的工程款多少没有关系,计算简单,但有可能出现扣回额大于或接近工程支付款额,使中期支付额出现负值或接近为零。

按金额计算动员预付款扣回额与每期支付的工程款有直接关系,每次扣回额均随每次工程支付额的不同而改变,每次均需要计算,比较麻烦,但相对合理。

3.(1)工程完工后,承包人向建设单位提交工程竣工报告,申请工程竣工验收。

(2)建设单位收到工程竣工报告后,对符合竣工验收要求的工程,组织勘察、设计、施工、监理等单位和其他有关方面的专家组成验收组,制订验收方案。

(3)建设单位应当在工程竣工验收 7 个工作日前将验收的时间、地点及验收组名单书面通知负责监督该工程的工程质量监督机构。

(4)建设单位组织工程竣工验收。

4.(1)是施工企业计算和确定工程施工成本的依据,是施工企业进行成本管理、经济核算的基础。

(2)是施工企业进行工程投标,编制工程投标报价的基础和主要依据。

(3)是施工企业编制施工组织设计,制订施工计划和作出计划的依据。

5.(1)资金成本是选择资金来源,拟定筹资方案的主要依据。

(2)资金成本是评价投资项目可行性的主要经济标准。只有资金利润率高于资金成本率的投资机会,才是有利可图的,才值得为之筹集资金,并进行投资。

五、综合分析题

1.合理的索赔金额如下:

(1)窝工机械闲置费:按合同机械闲置只计取折旧费。

塔吊 1 台:$300 \times 70\% \times 14 = 2940$(元);

混凝土搅拌机 1 台:$70 \times 70\% \times 14 = 686$(元);

砂浆搅拌机 1 台:$30 \times 70\% \times 12 = 252$(元);

小计:$2940 + 686 + 252 = 3878$(元)。

(2)窝工人工费:因业主已于 1 周前通知承包人,故只以补偿支付。

支模工:$4 \times 35 \times 14 = 1900$(元);

砌砖工:$25 \times 30 \times 12 = 9000$(元);

因砂浆搅拌机机械故障造成的窝工不予补偿。

小计:$1960 + 9000 = 10960$(元)。

(3)临时个别窝工一般不补偿管理费和利润,故合理的索赔金额为:

$$3878 + 10960 = 14838(\text{元})$$

2.根据材料预付款的计算公式知:

6 月份应支付的材料预付款为:

$$40 \times 75\% - 30 = 0(\text{万元})$$

7 月份应支付的材料预付款为:

$$60 \times 75\% - 0 = 45(\text{万元})$$

8 月份应支付的材料预付款为:

$$55 \times 75\% - 45 = -3.75(\text{万元})$$

附录3　2003年公路工程监理工程师执业资格考试(试点)《公路工程经济》试卷

一、单选题（下列各题中,只有一个备选项最符合题意,请将该备选项的代号填入括号中,选错或不选不得分。每题1分,共10分)

1. 融资租赁指租赁期满后,设施或设备的所有权归(　)。

A. 承租人　　B. 出租人　　C. 第三人　　D. 原单位

2. 财务内部收益率是指项目对初始投资的偿还能力或项目对贷款利率的(　)承受能力。

A. 最小　　B. 最大　　C. 全部　　D. 部分

3. 在下列费用项目中属于工程建设其他费用的是(　)。

A. 研究试验费　　B. 材料二次搬运费

C. 工器具、生产家具购置费　　D. 设备安装费

4. 在资金时间价值计算的公式中,一次支付现值的公式是(　)。

A. $P=F\cdot(1+i)^{n}$　　B. $P=F\cdot(1+i)^{-n}$

C. $P=F\cdot[(1+i)^{n}-1]/i$　　D. $P=F\cdot i/[(1+i)^{n}-1]$

5. 根据设计要求,在施工过程中需对某新型钢筋混凝土结构进行一次破坏性试验,以验证设计的正确性,此项试验费应由(　)支付。

A. 设计单位　　B. 建设单位的研究试验费

C. 施工单位的其他直接费　　D. 施工单位的间接费

6. 发包人将其批量采购的桥梁伸缩缝运抵现场与承包人共同清点后存入承包人仓库,承包人在使用抽样检验认为合格后投入使用。施工过程中发现其中2条伸缩缝制造质量出现较大问题,承包人按照工程师的指示将其拆除并重新安装。工程师对此事件处理的方案为(　)。

A. 费用和工期损失均由承包人承担　　B. 补偿费用并顺延合同工期

C. 补偿费用但不顺延合同工期　　D. 顺延合同工期但不补偿费用

7. 预算定额中工人消耗的人工幅度差是指(　)。

A. 预算定额消耗量与概算定额消耗量的差额

B. 预算定额消耗量的自身误差

C. 预算定额中人工定额必须消耗量与全部工时消耗量的差额

D. 在施工定额工作时间之外,预算定额中应考虑在正常施工条件下所发生的各种工时损失

8. 在某项目施工过程中,由于出现脚手架倒塌事故而造成实际进度拖后,承包人根据监理工程师指令采取赶工措施后,仍未能按合同工期完成所承包的任务,则承包人(　)。

A. 应承担赶工费,但不需要向业主支付误期损失赔偿费

B. 不需要承担赶工费,但应向业主支付误期损失赔偿费

C. 不仅要承担赶工费,还应向业主支付误期损失赔偿费

D. 既不需要承担赶工费,也不需要向业主支付误期损失赔偿费

9. 根据《企业财务通则》,以下表述不正确的是( )。

A. 企业设立时,必须有法定的资本金

B. 企业资金不再划分固定资金、流动资金、专用资金

C. 将制造成本法改为完全成本法

D. 经批准可实现加速折旧法

10. 编制公路工程预算时,下列( )不构成材料预算价格的组成内容。

A. 运输损耗费 B. 操作损耗费 C. 仓储损耗费 D. 包装材料费

二、多选题

(在下列各题的备选答案中,有两个及以上的选项符合题意,请将其代号填入括号内;若选项中有错误选项该题不得分,选项正确但不完全的每个选项给 0.5 分,完全正确得满分。每题 2 分,共 40 分)

1. 工程定额按生产因素分包括( )。

A. 劳动消耗定额 B. 材料消耗定额

C. 机械设备定额 D. 施工定额

E. 预算定额 F. 估算指标

2. "建筑工程一切险"被保险人可获得保险公司赔偿的受损失费用范围包括( )。

A. 受损失的施工建筑物 B. 领有共用运输执照施工车辆

C. 在投标范围内的临时工程 D. 业主在工地原有建筑物因施工受到破坏

E. 承包人施工人员受到的人身伤害

3. 砌筑工程的( ) 作为砌体的附属工程不另计量。

A. 砂浆或作为砂浆的小石子混凝土 B. 垫铺材料

C. 拱架、支架 D. 砌体的勾缝

E. 抹面

4. 在索赔费用计算中,确定单价和费率的方法有( )。

A. 利用工程量清单中的单价 B. 利用协商费率

C. 采用正式规定和公布的标准确定费率 D. 按有关票据计算

E. 由监理工程师确定单价

5. 以下说法正确的是( )。

A. 对于路基土石方运输项目应分为免费运距和超运运距两部分,超运运距另计超运费

B. 按项支付的结构物项目,应按结构形式和施工顺序将结构物分解成不同的工程部位计量支付

C. 动用暂定金额进行的工作由监理工程师完成

D. 暂定金额可按业主的指令全部或部分地使用,或根本不予动用

6. 为完成结构物基础挖方所做的( )作为挖基工程的附属工作,不另行计量。

A. 挖淤泥 B. 地面排水

C. 围堰、基坑支撑及抽水 D. 基坑回填及压实

E. 错台开挖或斜坡开挖

7. 大、中型工程的竣工决算报表由(　)组成。

A. 竣工工程概算表　　B. 竣工财务决算表

C. 项目交付使用财产总表及明细表　　D. 项目建成交付使用后投资效益表

E. 概算执行情况分析表

8. 路基填方基底处理工程中,其费用摊入填方工程单价的有(　)。

A. 清除场地　B. 耕地填前压实　C. 填前挖松　D. 挖台阶　E. 软土处理

9. 某桥梁因洪水冲毁,急需修复,承包合同宜采用(　)合同。

A. 固定总价　B. 可调总价　C. 估计工程量清单　D. 纯单价　E. 成本加酬金

10. 工程量清单中某一支付细目数量变更后,其单价调整的条件为(　)。

A. 该细目所列金额超过签约时合格价格的2%

B. 该细目实际变更数量超过或小于工程量清单中所列数量的15%

C. 该细目所列金额超过签约时合格价格的1%

D. 该细目实际变更数量超过工程量清单中所列数量的 +25%

11. 工程寿命周期成本即该项工程在其确定的寿命周期内或在预定的有效期内所需支付的(　)等费用的总和。

A. 研究开发费　B. 制造安装费　C. 运行维修费　D. 报废回收费　E. 设计费

12. 下列计量支付报表中由承包人填制的有(　)。

A. 计量支付申请表　　B. 工程投资支付月报表

C. 进度完成情况明细表　　D. 计日工支付申报表

13. 根据计量程序与管理的规定,(　)对驻地监理工程师计量结果拥有充分的否决权。

A. 高级驻地监理工程师　　B. 总监理工程师代表

C. 驻地监理工程师　　D. 驻地监理工程师办公室

E. 业主代表

14. 根据我国《招标投标法》和《公路工程施工招标投标管理办法》的有关规定,下列(　)是实行工程施工招标的必备条件。

A. 建设资金已经落实　　B. 设计文件已经批准

C. 招标文件已经编制完成　　D. 投标邀请书已经发出

15. 工程计量资料由(　)签字后是有效的。

A. 业主代表　B. 监理工程师　C. 承包人　D. 质量监督员　E. 材料供应商

16. 在下列费用中,不属于直接工程费内容的是(　)。

A. 施工单位搭设的临时设施费　　B. 现场管理费

C. 技术开发费　　D. 工程点交费

E. 企业管理费

17. 建设单位决定采用哪种合同形式,应根据(　)因素综合考虑。

A. 设计工作深度　　B. 工期长短

C. 质量要求的高低　　D. 工程规模、复杂程度

E. 施工单位的要求

18. 以下有关工程费用支付的叙述中,正确的有(　)。

A. 监理工程师有权确定工程变更后的费用

B. 监理工程师有权通过随后的支付证书对已签发的支付证书中的错误进行纠正
C. 索赔费用的确定权归业主
D. 工程费用支付的权力归业主
E. 监理工程师有价格调整的权力

19. 对建设项目进行不确定性分析的目的是（　）。
A. 减少不确定性对经济效果评价的影响　B. 预测项目承担风险的能力
C. 增加项目的经济效益　D. 确定项目经济上的可靠性

20. 招标工程标底具有(　)等作用。
A. 使招标单位预先明确自己在拟建工程上应承担的财务义务
B. 给上级主管部门提供核实建设规模的依据
C. 是评标的重要尺度
D. 是进行工程结算的重要依据
E. 是工程决算的参考依据

三、判断题

（认为下述观点正确的在括号内划“✓”,错误的划“×”,判断准确得分,否则不得分。每题1分,共10分）

1. 发行股票不会减少公司应上缴的所得税,而发行债券会使企业少缴一部分所得税。（　）
2. 在进行价格调整计算时,应在扣除保留金之后。（　）
3. 由于财务内部收益率受贷款额和利率大小的影响,因此只能在一定程度上反映出建设项目投资的经济效果。（　）
4.《企业财务通则》不适用于我国境内的外商投资企业。（　）
5. 建设项目负债筹资的方式包括发行债券、设备租赁、银行贷款等。（　）
6. 项目建议书的投资估算应采用“综合指标”;可行性研究报告中的投资估算应采用“分项指标”。（　）
7. 临时设施费是指施工企业为进行建设工程施工所必需的生活和生产用的临时建筑物、构筑物和其他临时设施及概、预算定额中临时工程费用。（　）
8. 属于承包人自己工作失误或应承担的风险而导致工程停工,其所有费用必须由承包人承担。（　）
9. 标底价格由成本、税金组成,不包含利润部分。（　）
10. 当一个工程细目变更后的实际工程数量大于或小于工程量清单所列数量的15%时应考虑价格调整。（　）

四、简答题

（要求简明扼要。每题4分,共20分）

1. 编制公路建设项目竣工决算有何依据?
2. 什么是经济效果评价?其主要方法有哪些?
3. 监理工程师在进行支付申请的审查时应审查哪些方面?
4. 简述工程量清单的作用及其包含的内容?
5. 简述工程费用支付中,清单支付和合同支付分别有哪些项目?

五、综合分析题（按所给问题的背景资料，正确分析并回答问题。每题 10 分，共 20 分）

1. 某企业承包的某项工程有效合同价为 5000 万元（其利润目标为有效合同的 5%）。动员预付款为合同价的 10%，动员预付款在中期支付证书累计金额达到合同价格的 30% 时开始扣回，到中期支付证书的累计金额达到合同价的 80% 时全部扣完。保留金的百分比为月支付的 10%，保留金限额为合同价的 5%。工程完成合同价的 60% 时，由于业主违约，合同被迫终止。此时承包人另外完成变更工程 150 万元，完成暂定项目 50 万元，为工程合理订购材料库存 80 万元。由于合同被迫终止，承包人设备撤回基地和遣返所有雇佣人员的费用共 60 万元（工程量清单中未单独列项）。已完成的各类工程均已按合同规定支付。（该项目实际工程量与清单工程量一致，且无调价）

问题：(1) 合同终止时，业主扣回多少动员预付款？

(2) 合同终止时，业主实际已支付各类工程款共计多少？

(3) 合同终止时，业主还需支付各类补偿款多少？

(4) 合同终止时，业主总共应支付给承包人多少工程款？

2. 某涵洞工程管涵预制混凝土总需要量为 6000 m^3，混凝土工程施工有两种方案可供选择。方案 A 为现场制作，方案 B 为购买商品混凝土。已知现场搅拌站一次性投资为 200000 元，搅拌站设备的租金及维修费为 15000 元/月，搅拌混凝土所需的其他费用为 350 元/ m^3，商品混凝土的平均单价为 440 元/ m^3。

问题：(1) 若混凝土的施工工期不同时，A，B 两个方案哪一个经济？

(2) 当混凝土施工工期为 14 个月时，现场制作混凝土最少为多少 m^3 才比购买商品混凝土经济？

附录 4　2004 年公路工程监理工程师执业资格考试《公路工程经济》试卷及参考答案

一、单项选择题（下列各题中，只有一个备选项最符合题意，请将该备选项的代号填入括号中，选错或不选不得分。每题 1 分，共 20 分）

1. 监理工程师的计量权力本质上是对计量结果的（　）。

A. 确认权　B. 变更权　C. 委托权　D. 监督权

2. 工程索赔计算时最常用的一种方法是（　）。

A. 总费用法　B. 修正的总费用法　C. 实际费用法　D. 协商法

3. 在资金时间价值计算的公式中，一次支付现值的公式是（　）。

A. $P=F\cdot(1+i)^n$　B. $P=F\cdot(1+i)^{-n}$

C. $P=F\cdot[(1+i)^n-1]/i$　D. $P=F\cdot i/[(1+i)^n-1]$

4. 某公路工程净现金流量数据见下表，可知该项目的静态投资回收期为（　）年。

年　份	1	2	3	4	5	6
净现金流量	-100	-200	100	250	200	200

A. 3.4　B. 3.0　C. 3.8　D. 3.2

5. 单位工程施工组织设计技术经济分析重点，应围绕三个主要方面，即（　）。

A. 劳动生产率、降低成本率、计划利润率　B. 技术措施、降低成本措施、施工平面图

C. 质量、工期、成本　D. 劳动指标、材料使用指标、机械使用指标

6. 价值工程的核心是（　）。

A. 总功能提高　B. 使用成本下降　C. 生产成本下降　D. 功能分析

7.（　）是企业财务制度体系中最基本、最高层次的法规。

A. 企业财务通则　B. 企业财务制度　C. 企业会计准则　D. 财务管理规定

8. 把将来某一时点的资金金额换算成现在时点的等值金额的过程称为（　）。

A. 兑现　B. 折现　C. 兑换　D. 折换

9. 中标通知书（　）具有法律效力。

A. 对招标人和中标人均　B. 只对招标人

C. 只对中标人　D. 对招标人和投标人均不

10. 编制公路工程预算时，下列（　）不构成材料预算价格的组成内容。

A. 运输损耗费　B. 操作损耗费　C. 仓储损耗费　D. 包装材料费

11. 保留金的最高限额一般为合同总价的（　）。

A. 4%　B. 5%　C. 6%　D. 7%

12.《公路工程国内招标文件范本》中规定投标人将所投工程总工程量的(　　)以上进行分包的投标不予考虑。

A. 80%　　B. 50%　　C. 30%　　D. 60%

13. 根据新的财务制度,土地使用权属于(　　)。

A. 固定资产　　B. 无形资产　　C. 递延资产　　D. 流动资产

14. 设备购置费组成为(　　)。

A. 设备原价 + 采购与保管费　　B. 设备原价 + 运费 + 装卸费

C. 原价 + 运杂费　　D. 设备原价 + 安装费

15. 工程变更总费用超过(　　)时,需要在合同价格中加上或扣除一笔调整金额。

A. 10%　　B. 15%　　C. 20%　　D. 25%

16. 某工程一次性投资 300 万元,第二年开始投产,年净收益为 30 万元,则投资回收期为(　　)。

A. 9 年　　B. 10 年　　C. 11 年　　D. 12 年

17. 在下列费用项目中属于工程建设其他费用的是(　　)。

A. 研究试验费　　B. 材料二次搬运费

C. 工器具、生产家具购置费　　D. 设备安装费

18. 在工程招标编制标底时,一般不考虑的因素是(　　)。

A. 工期　　B. 质量标准　　C. 投标企业资质　　D. 自然地理条件

19. 第三者责任险是指(　　)。

A. 由于灾害或事故造成第三者受到伤害,被保险人获得赔偿的险种

B. 被保险人受到第三者的伤害,被保险人获得赔偿的险种

C. 被保险人有意或无意伤害到第三者,被保险人获得赔偿的险种

D. 由于第三者的责任,造成工程损失,被保险人获得赔偿的险种

20. 项目在计算期内财务净现值为零时的折现率为(　　)。

A. 静态收益率　　B. 动态收益率　　C. 财务内部收益率　　D. 基准折现率

二、多项选择题

(在下列各题的备选答案中,有两个及其以上的备选项符合题意,请将其代号填入括号内;若选项中有错误选项该题不得分,选项正确但不完全的每个选项给 0.5 分,完全正确得满分。每题 2 分,共 40 分)

1. 根据税收政策规定,我国的所得税包括(　　)。

A. 企业所得税　　B. 个人所得税

C. 外商投资企业和外国企业所得税　　D. 事业单位所得税

2. 对于寿命期相同的互斥方案的比选方法一般有:(　　)。

A. 差额内部收益率法　　B. 净现值法

C. 内部收益率法　　D. 净现值率法

3. 下列项目不属于建筑安装工程费的有(　　)。

A. 直接工程费　　B. 间接费

C. 计划利润　　D. 预留费

E. 工程建设其他费用

4. 下列项目属于工程建设其他费用的是(　)。

A. 办公及生活用家具购置费　　B. 建设单位管理费

C. 工程造价增涨预留费　　D. 施工机构迁移费

5. 下列定额中(　)属于国家规定的计价定额。

A. 估算指标　　B. 预算定额　　C. 施工定额　　D. 概算定额

6. 从累计现金流量曲线图上可以了解到(　)。

A. 投资回收期　　B. 固定资产残值

C. 工程造价　　D. 建安费

E. 项目的累计最大支出

7. 包含在建安工程直接费中材料费内的费用有(　)。

A. 周转性材料费　　B. 材料二次搬运费

C. 对材料进行一般性鉴定检查支出的费用　　D. 构成工程实体的材料费

E. 搭建临时设施的材料费

8. 可作为竣工决算编制依据的有(　)。

A. 可行性研究报告及其投资估算　　B. 设计概算或修正概算

C. 招投标的标底、承包合同、工程结算资料　　D. 项目预测的现金流量

E. 设备、材料调价文件和调价记录

9. 企业财务报表现金流量表中的现金流量分为(　)几类。

A. 经营活动产生的现金流量　　B. 投资活动产生的现金流量

C. 借贷活动产生的现金流量　　D. 筹资活动产生的现金流量

E. 工资发放产生的现金流量

10. 工程计量的依据有(　)。

A. 施工方所报已完工程量　　B. 质量合格证书或签证

C. 工程量清单前言和技术规范　　D. 批准的设计图纸文件及工程变更签证

E. 工程结算价格规定

11. 投标人须知的内容有(　)。

A. 合同条件　　B. 工程项目概况

C. 技术规范　　D. 投标人的资格要求

E. 投标中的时间安排和相应的规定　　F. 银行担保

G. 开标时间、评标、定标的原则

12. 在公路工程概、预算编制中,监理费的计取为(　)。

A. 国内招标工程费率为 1.6%　　B. 国内招标工程费率为 1.0%

C. 国内招标工程费率为 0.8%　　D. 国际招标工程费率为 3.5%

E. 国际招标工程费率为 2.3%

13. 根据 FIDIC 合同条件,承包人享有的权利有(　)。

A. 有权得到工程付款

B. 有权提出索赔

C. 有权拒绝接受指定的分包人

D. 如果业主违约,承包人有权终止受雇和暂停工作

E. 有权进行必要的设计变更

14. 根据价值工程原理,提高产品价值的途径包括(   )。

A. 花较大成本更新设备而使产品功能略有提高

B. 通过改进产品质量从而提高产品价格

C. 在保证产品使用功能的前提下,设备降低成本

D. 在不增加成本的前提下,设法提高产品功能

E. 消除或减少一些多余功能,从而降低产品成本

15. 下列(   )应计入建设单位管理费。

A. 建设单位工作人员工资、工资性津贴

B. 建设单位的临时设施及管理费用性质的开支

C. 采购本建设工程用的设备、材料所发生的采购及保管费

D. 办理"土地、青苗等补偿费"的工作人员所发生的费用

16. 下列税种中(   )与公路工程相关。

A. 耕地占用税　　B. 房产税

C. 固定资产投资方向调节税　　D. 土地增值税

17. 影响工程项目直接费大小的因素有(   )。

A. 设计质量　　B. 职工培训费

C. 施工方法　　D. 现场管理人员工资

E. 材料预算价格

18. 特殊风险和业主违约导致合同中止支付的补偿区别是(   )。

A. 业主违约对承包人只补偿成本

B. 特殊风险对承包人只补偿成本

C. 业主违约对承包人只补偿成本不补偿利润损失

D. 业主违约除对承包人补偿成本外还应补偿利润损失

19. 承包人用于计日工的(   ),必须每天填写清单,上报监理工程师审查。

A. 劳务　　B. 材料　　C. 施工机械　　D. 进度情况

20. 投保了"建筑工程一切险"的工程项目,可获得保险公司赔偿的受损失原因包括(   )。

A. 被保险人故意行为　　B. 地震

C. 盗窃　　D. 因维修保养不善使施工机械设备失灵

E. 设计错误

三、判断题

(认为下述观点正确的在括号内划"✓",错误的划"×",判断准确得分,否则不得分。每题1分,共10分)

1. 缺陷责任终止证书,是由监理工程师签发,递交业主。(   )

2. 任何工程变更,均不应以任何方式使合同作废或无效,从而导致承包人责任的解除。(   )

3. 工程变更后的变更单价确定应由监理工程师和承包人协商确定。(   )

4. 工程量清单的每两个细目,不论有无列出数量,都须填入单价或总价。(   )

5. 监理工程师可以用保留金支付属于业主的合同义务而发生的费用。(   )

6. 某工程承包合同金额为 3000 万元，则该工程一般情况下应预留 100 万元作为保留金。（ ）

7. 根据 FIDIC 条款，业主应补偿因异常恶劣的气候条件而造成的承包人的停工损失。（ ）

8. 在施工合同条款中一般对工程价款支付的最低限额均有明确的规定，当期支付额低于最低限额时，当期不予支付，由业主转入下一期一并支付。（ ）

9. 只有业主在没有完全履行合同规定义务给承包人造成损失时，才能提出索赔。（ ）

10. "有效合同价"是指扣除暂定金额和计日工费用之后的合同价格。（ ）

四、简答题（要求简明扼要。每题 5 分，共 10 分）

1. 固定总价合同适用的一般条件是什么？

2. ××公路工程项目业主与承包人签订了工程承包合同，合同约定工期 600 天，每提前一天奖励 0.5 万元，每推迟一天罚款 0.7 万元。当施工到 120 天时，监理工程师对某种工程材料检验，发现材料质量不合格，由此造成承包人整个工程停工 30 天。此后工程进行到 200 天时，业主提出变更设计，又造成承包人部分工程停工 20 天。最终工期 597 天。请根据上述背景情况分析说明承包人在何种合同规定下，能够争取到补偿？数额是多少？

（注：全部工程停工一天损失 3 万元，部分工程停工一天损失 1.2 万元）

五、论述题（按所给问题的背景资料，正确分析并回答问题。每题 10 分，共 20 分）

1. 某单位准备以 850 万元投资某一项目，基准收益率为 10%，该项目寿命期为 10 年，投资后每年经营成本为 20 万元，前三年每年收益 100 万元，第三年末又追加投资 200 万元，今后每年收益均为 240 万元。试计算：该项目收益的净现值及净年值。（给出了部分普通复利系数表）

2. 某企业承包的一项工程有效合同价为 5000 万元（其利润目标为有效合同的 5%）。动员预付款为合同价的 10%，动员预付款在中期支付证书累计金额达到合同价格的 3% 时开始扣回，到中期支付证书的累计金额达到合同价的 80% 时全部扣完。保留金的百分比为月支付的 1%，保留金限额为合同价的 5%。工程完成合同价的 60% 时，由于业主违约，合同被迫终止。此时承包人另外完成变更工程 150 万元，完成暂定项目 50 万元，为工程合理订购材料库存 80 万元。由于合同被迫终止，承包人设备撤回基地和遣返所有雇佣人员的费用共 60 万元（工程量清单中未单独列项）。业主就已完成的各类工程均已按合同规定给予支付。（该项目实际工程量与清单工程量一致，且无调价）

在合同终止时，试述：

（1）业主扣回多少动员预付款？

（2）业主实际已支付各类工程款共计多少？

（3）业主还需支付各类补偿款多少？

（4）业主总共应支付给承包人多少工程款？

参考答案

一、单项选择题

1. A　2. C　3. B(选 B 或不选均对)　4. C　5. C
6. D　7. A　8. D　9. A　10. B
11. B　12. C　13. B　14. C(选 C 或不选均对)　15. B
16. C　17. A　18. C　19. A　20. C

二、多项选择题

1. ABC　2. ABD　3. DE　4. BD　5. ABD
6. AE　7. AD　8. CE　9. ABD　10. BCD
11. BDEFG　12. AD　13. ABCD　14. CDE　15. ABD
16. AC　17. CE　18. BD　19. ABC　20. BC

三、判断题

1. ✓　2. ✓　3. ×　4. ✓　5. ×　6. ×　7. ×　8. ×　9. ×　10. ✓

四、简答题

1. 答:①合同工期较短,一般为工期在一年之内; ②规模较小,技术不太复杂的小型工程; ③招标时设计深度达到施工图设计要求,工程设计图纸完整齐全,合同履行过程中不会出现较大的设计变更;④技术规范明确。

2. 答:根据合同条件的规定,①由于材料不合格造成的停工所发生的费用,不予补偿(1分);②由于业主提出变更造成部分工程停工所发生的费用应予补偿(1 分);③最终竣工工期比合同约定工期提前 23 天,应按合同规定给予奖励;④因此,承包人可得到的补偿为:$20 \times 1.2 + 23 \times 0.5 = 35.5$(万元)。

五、论述题

1. 解:(1)该项目收益的净现值(NPV)

$NPV = -850 + (100 - 20)(P/A, 10\%, 3) - 200(P/F, 10\%, 3) + (240 - 20)(P/A, 10\%, 7)(P/F, 10\%, 3) = -850 + 80 \times 2.4868 - 200 \times 0.75132 + 220 \times 4.8683 \times 0.75132 = 3.36$(万元)

(2)该项目收益的净年值(NAV)

$$NAV = 3.36 \times 0.16275 = 0.547\text{(万元)}$$

2. 答题要点:

(1)业主扣回动员预付款 = [(累计完成工程款) - 合同价 ×30%] × 动员预付款 ÷ 合同

价的 50% =[(5000×60% +150+50)−5000×30%]×(5000×10%)÷(5000×50%)

=340(万元)

(2)业主已实际支付的各类工程款 = 已完成的合同工程价款 + 变更工程款 + 完成的暂定项目款 + 动员预付款 − 扣回动员预付款 − 保留金

= 5000×60% +150+50+5000×10% − 340 − 250

=3110(万元)

其中保留金取到限额为止。

(3)业主还需支付的各类补偿 = 利润补偿 + 承包人已支付的库存材料款 + 施工设备撤回基地和遣返所有雇佣人员费用的一部分 + 已扣的保留金

其中,利润补偿 =(5000−5000×60%)×5% =100(万元)。

承包人已支付的库存材料款 80 万元,业主一经支付,库存材料则属于业主所有。承包人的施工设备撤回基地和遣返所有雇佣人员费用因在工程量清单中未单独列项,所以合同总价中应已包含此费用。因此,业主只能补偿支付其合理部分。

承包人施工设备撤回基地和遣返所有雇佣人员费用 =(5000−5000×60%)÷5000×60

=24(万元)

返还已扣保留金:5000×5% =250(万元)。

业主还需支付的各类补偿款 =100+80+24+250=454(万元)

(4)业主总共支付的工程款 = 业主已实际支付的各类工程款 + 业主还需要支付的各类补偿 − 尚未扣回的动员预付款

=3110+454−(500−340)

=3404(万元)

附录5 2005年公路工程监理工程师执业资格考试《公路工程经济》试卷及参考答案

一、单项选择题（下列各题中，只有一个备选项最符合题意，请将你认为最符合题意的一个备选项在答题卡相应的代号框格内涂黑，选错或不选不得分。每题1分，共20分）

1. 反映建设项目对国家所做净贡献的一个绝对指标是（　）。

A. 经济内部收益率　　B. 投资回收期

C. 经济效益费用比　　D. 经济净现值

2. 当我们对某个投资方案进行分析时，发现有关参数不确定，而且这些参数变化的概率也不知道，只知道其变化的范围时，可采用的分析方法为（　）。

A. 盈亏平衡分析　　B. 敏感性分析

C. 概率分析　　D. 不确定性分析

3. 某公路工程项目水泥原价300元/t，采用10t人工装卸载重汽车运输，运距10km。查预算定额每100t水泥第一个1km运距需要2.19台班，定额基价为486元；每增运1km需0.11台班，定额基价为24元。水泥场外运输损耗率1%，采购保管费率为2.5%。问每吨水泥的采购保管费应是（　）元（分析时忽略装卸费）。

A. 8.32　　B. 7.85　　C. 7.75　　D. 7.58

4. 在建安工程造价中，材料预算价格是指材料由其来源地运到（　）的价格。

A. 施工工地　　B. 使企业少缴部分所得税

C. 施工工地仓库后出库　　D. 施工工地仓库

5. 对大型桥墩混凝土浇筑工程的计量应采取的计量方法是（　）。

A. 凭证法　　B. 断面法　　C. 分项计量法　　D. 均推法

6. 采用发行股票方式筹集公路工程建设资金可以（　）。

A. 降低企业的负债比例　　B. 使企业少缴部分所得税

C. 提高企业的融资风险　　D. 保持原有股东对企业控制权

7. 某地区欲建收费的高速公路，所需资金为4亿元，此后第1，2，3年末各需2亿元（三年内合计投资10亿元），修成后每隔56年维修一次，每次修理费用14万元。若基准收益率为8%，则该道路自开通（3年后）起维持40年所需总投资额（包括初期投资和维修费在内）的现值为（　）亿元。已知：$(P/A,8\%,3)=2.577$，$(A/F,8\%,5)=0.17046$，$(P/A,8\%,40)=11.925$，$(P/F,8\%,3)=0.7938$。

A. 12.426　　B. 10.325　　C. 9.156　　D. 11.428

8. 融资租赁是将贷款、（　）与出租三者有机结合在一起的设备租赁形式。

A. 设备的型号　　B. 租金支付方式

C. 承租人　　D. 贸易

9. 公路建筑安装工程费包括建筑工程费和安装工程费两部分，其中安装工程费是指为安装(　)的费用。

A. 混凝土预制构件　　B. 钢结构工程构件

C. 营运、养护、管理所需设备　　D. 施工机械、设备

10. 出口信贷可分为(　)两种。

A. 买方信贷和卖方信贷　　B. 货币信贷和物资(设备)信贷

C. 买方信贷和物资(设备)信贷　　D. 卖方信贷和货币信贷

11. 监理工程师可以用保留金支付属于(　)的合同义务而发生的费用。

A. 施工单位　　B. 建设单位

C. 材料供应单位　　D. 设计单位

12. 路基填方碾压工程，如填料含水量不够，需要洒水时，其洒水费用(　)。

A. 另外计量　　B. 不予计量

C. 由建设单位确定是否计量　　D. 根据费用大小确定

13. 可行性研究属于项目(　)主要工作之一。

A. 计划阶段　　B. 施工准备阶段

C. 实施阶段　　D. 决策阶段

14. 发行(　)融资是一种融债券和股票于一体的融资方式，适合于交通融资。

A. 私募债券　　B. 建设债券

C. 金融债券　　D. 可转换债券

15. 某银行年贷款利率为 r，一年计算利息 m 次，如果折算为一年计算一次，则对应的年计息率 i 为(　)。

A. m^r　　B. r^m　　C. $(1+mr)^m-1$　　D. $(1+r/m)^m-1$

16. 建设工程动态投资部分，是指在建设期内，因建设期利息、建设工程需缴纳的(　)和国家新批准的税费、利率变动以及建设期价格引起的建设投资增加额。

A. 营业税　　B. 土地使用税

C. 固定资产投资方向调节税　　D. 城乡建设维护税

17. 按公路工程概预算编制办法规定，人工费由(　)构成。

A. 基本工资、工资性补助、职工福利费

B. 基本工资、生产工人辅助工资

C. 基本工资

D. 基本工资、工资性补贴、生产工人辅助工资、职工福利费

18.《公路工程机械台班费用定额》中，下列(　)不属于可变费用。

A. 经常性修理费　　B. 机上人工费

C. 养路费及车船使用费　　D. 燃料动力费

19. 根据交通部《公路基本建设工程概预算编制办法(1996 年)》，公路工程的定额编制、管理费以定额建筑安装工程费总额为基数，按(　)计列。

A. 0.17%　　B. 0.18%　　C. 0.15%　　D. 0.16%

20. 概预算中辅助生产现场经费是按人工费的 15% 计，最后构成(　)。

A. 人工费　　B. 材料费

C. 间接费　　D. 施工管理费

二、多项选择题

（在下列各题的备选答案中，有两个或两个以上的备选项符合题意，请将你认为符合题意的备选项在答题卡相应的代号框格内涂黑；若选项中有错误选项该题不得分，选项正确但不完全的每个选项给0.5分，完全正确得满分。每题2分，共40分）

1. 施工企业成本费用管理，应着重围绕（　）等环节进行。
   A. 花较大成本更新设备而使产品功能略有提高
   B. 通过改进产品质量从而提高产品价格
   C. 在保证产品使用功能的前提下，设法降低成本
   D. 在不增加成本的前提下，设法提高产品功能
   E. 消除或减少一些多余功能，从而降低产品成本
2. 根据价值工程原理，提高产品价值的途径包括（　）。
   A. 花较大成本更新设备而使产品功能略有提高
   B. 通过改进产品质量从而提高产品价格
   C. 在保证产品使用功能的前提下，设法降低成本
   D. 在不增加成本的前提下，设法提高产品功能
   E. 消除或减少一些多余功能，从而降低产品成本
3. 以下有关工程费用支付的叙述中，正确的是（　）。
   A. 监理工程师有权确定工程变更后的费用
   B. 监理工程师有权通过随后的支付证书对已签发的支付证书中的错误进行纠正
   C. 索赔费用的确定权归建设单位
   D. 工程费用支付的权力归建设单位
   E. 监理工程师有价格调整的权力
4. 由于建设单位的原因，导致工程暂停两个月，则施工单位可提出的索赔项目有（　）。
   A. 利润　B. 人工窝工费　C. 机械设备窝工费
   D. 增加的利息支出　E. 增加的履约保函手续费
5. 下列说法正确的有（　）。
   A. 材料或设备监理工程师签发预付款支付证书，即被视为监理工程师对该本材料或设备的批准
   B. 当工程竣工后，所有剩余材料设备的所有权应属建设单位，施工单位不得将其运走
   C. 如果施工单位在提交第一次付款申请或在这个时间前提交一份由建设单位认可的担保金额为合同价5%的银行保函，则中期支付中不再将扣留金退还施工单位
   D. 在监理工程师颁发全部工程的交工证书后，应当将全部保留金退还施工单位
   E. 施工阶段施工单位未能遵照监理工程师的指示对有缺陷的工程师进行修补，则建设单位可以雇佣他人来完成有关工作，费用可从保留金中支出
6. 施工图预算是在施工图设计完成后，以施工图为依据，根据（　）进行编制的。
   A. 预算定额　B. 设计概算　C. 取费标准
   D. 概算定额　E. 地区人工、材料、机械台班的预算价格
7. 下列费用中，不能计入生产经营成本的是（　）。
   A. 直接费用　B. 审计费用　C. 财务费用　D. 管理费用

8. 下列(　)属于现场管理费定额项目。

A. 管理人员的基本工资和其他费用　　B. 现场管理用房屋的租赁费

C. 现场管理用交通工具耗用的油料、燃料费　　D. 企业为筹集资金而发生的费用

E. 临时设施费

9. 下列融资方式筹集的资金,属项目资本金的包括(　)。

A. 发行股票　　B. 发行债券　　C. 银行贷款

D. 保留盈金　　E. 政府预算内资金

10. 建安工程临时设施是指(　)。

A. 临时宿舍、文化福利及公用房屋与建筑物、仓库、办公室、加工厂

B. 工地范围内的各种临时工作便道、人行道

C. 临时工程的施工便道和供电设施

D. 工地临时用水、用电的水管支线和电线支线

11. 对工程单价有重大影响的因素有(　)。

A. 人工工日、材料或货品设备的基础价格　　B. 工程定额　　C. 施工工期

D. 摊入系数　　E. 调价因素

12. 雨季施工增加费是指在雨季期间施工为保证工程质量和安全生产而增加的(　)。

A. 防水、防潮措施费　　B. 工效降低费　　C. 机械作业效率降低费

D. 现场管理费　　E. 照明设施费

13. 计划利润的计费基数包括(　)。

A. 直接费　　B. 定额直接费　　C. 间接费

D. 施工技术装备费　　E. 其他直接费

14. 某项目的现金流量图如右图所示,则下列关系中成立的有(　)。

A. $P = A + [(1+i)^n - 1]/[i(1+i)]^n$

B. $P = A + A(P/A, i, n)$

C. $P = A(P/A, i, n)$

D. $P = A(P/A, i, n+1)$

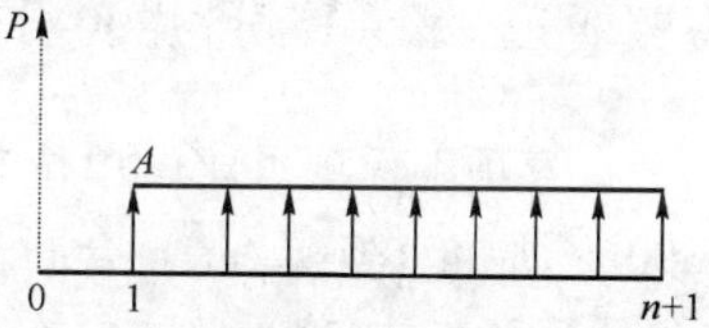

15. 进行施工招标的项目,评标时一般主要对投标企业的(　)进行评审。

A. 投标报价　　B. 施工方案　　C. 垫资方案　　D. 主要材料用量　　E. 投标技巧

16. 下列(　)是影响合同计价方式选择的主要因素。

A. 项目的复杂程度　　B. 工程设计工作的深度　　C. 施工企业的等级

D. 工程施工的难易程度　　E. 质量的要求

17. 对建设项目进行财务评价时,常用的动态评价指标包括(　)。

A. 财务净现值　　B. 财务内部收益率

C. 动态投资回收期　　D. 投资利润率

18. 审查施工图预算的重点应放在(　)。

A. 概算单价套用是否正确　　B. 工程数量计算是否准确

C. 各项取费标准是否符合现行规定　　D. 预算单价套用是否正确

19. (　)属于国家规定的计价定额。

A. 概算指标　　B. 预算定额　　C. 施工定额　　D. 概算定额

20. 钻孔灌注桩开挖、钻孔、清孔、钻孔泥浆、护筒、混凝土、破桩以及(　)作为孔桩的附属

工作,不另行计量。

A. 桩的承载试验　　B. 搭设施工平台　　C. 挖土围堰

D. 栈桥　　E. 无破损检验

三、判断题（认为题述观点正确的请在答题卡上将该题的[√]框格涂黑,错误的将该题的[×]框格涂黑,判断准确得分,否则不得分。每题 1 分,共 10 分）

1. 施工单位当月完成合同金额 150 元,根据合同当月应扣预付款 80 万元,保留金比率为 10%,开具临时支付证书的最小限额为 60 万元,则该月应支付 63 万元。（　）

2. 清单工程量,是施工生产前的预算数量,不是施工单位应予以完成的实际和准确工程量,其准确性高低,对工程造价影响不大。（　）

3. 定额基价仅作为计算有关费用的基数,不能作为编制工程造价的直接依据。（　）

4. 项目可行性研究报告可作为项目后评估的依据。（　）

5. 递延资产是指不能全部计入当年损益,应当在以后年度内分期摊销的各项费用。（　）

6. 施工技术装备费是由定额直接工程费与间接费之和为基数,乘以相应费率。（　）

7. 公路项目投资的经济评价,一般用三类指标进行,它们是币值、时间及收益率。（　）

8. 经济费用是指站在企业立场上,衡量由于执行某一项目而带来的企业效益。（　）

9. 工程定额反映施工队伍的生产效率和管理水平,它也是决定标价水平的重要因素。（　）

10. 项目的财务内部收益率计算值越大,表明其盈利能力越强。（　）

四、综合分析题（按所给问题的背景资料,正确分析并回答问题,请将答案和题号写在答题纸上。每题 15 分,共 30 分）

1. 某项工程项目建设单位与施工单位签订了工程施工承包合同,合同中估算工程量为 5300m^3,原价 180 元/m^3。合同工期为 6 个月,有关支付条款如下:

（1）开工前,建设单位向施工单位支付估算合同价 20% 的预付款;

（2）建设单位从第 1 个月起,从施工单位的工程款中,按 5% 的比例扣保留金;

（3）当累计实际完成工程量超过（或低于）估计工程量的 10% 时,价格应予调整,调价系数为 0.9（或 1.1）;

（4）每月签发付款证书最低金额为 15 万元;

（5）预付款从施工单位获得累计工程款超过估算合同价的 30% 以后的下一个月起至第 5 个月均匀扣除。

施工单位每月实际完成并经签认认可的工程量如下表所示。

月份	1	2	3	4	5	6
完成工程量（m^3）	800	1000	1200	1200	1200	500
累计完成工程量（m^3）	800	1800	3000	4200	5400	5900

问题:（1）估算合同总价是多少?

（2）预付工程款是多少? 预付工程款从哪个月起扣留? 每月扣预付工程款是多少?

(3)每月工程量价款是多少？应签证的工程款是多少？应签发的付款凭证金额是多少？

2. 某建设项目单位与施工单位签订了工程施工承包合同，根据合同及其附件的有关条文，对索赔内容有如下规定：①因窝工发生的人工费按25元/工日计算，监理方提前一周通知施工单位时不以窝工处理，以补偿费支付（4元/工日）；②机械设备台班费：塔吊：300元/台班：混凝土搅拌机：70元/台班：砂浆搅拌机：30元/台班。因窝工而闲置时，只考虑折旧费，按台班费70%计算；③因临时停工一般不补偿管理费和利润。在施工过程中发生了以下情况：①于6月8日至6月21日，因建设单位提供的模板未到而使1台塔吊、1台混凝土搅拌机和35名支模工停工（建设单位已于5月30日通知承包方）；②于6月10日至6月21日，因建设单位原因导致工地停电停水，使1台砂浆搅拌机和30名工人停工；③于6月20日至6月23日，因砂浆搅拌机故障而使1台砂浆搅拌机和35名工人停工。

问题：施工单位在有效期内提出索赔要求时，监理单位认为合理的索赔金额应为多少？

参考答案

一、单项选择题

1. D　2. B　3. C　4. C　5. C　6. A　7. C　8. D　9. C　10. A
11. A　12. B　13. D　14. D　15. D　16. C　17. D　18. A　19. A　20. B

二、多项选择题

1. ABDE　2. CDE　3. ABE　4. BCDE　5. CE
6. ACE　7. CD　8. ABC　9. ADE　10. ABD
11. ABD　12. ABC　13. BCE　14. E　15. AB
16. ABD　17. ABC　18. BCD　19. ABD　20. BCD

三、判断题

1. ✓　2. ×　3. ✓　4. ✓　5. ✓　6. ✓　7. ✓　8. ×　9. ✓　10. ✓

四、综合分析题

1. 解答：

(1)估算总价95.4万，即$5300m^3 \times 180$元/m^3 = 95.4万元。

(2)预付工程款19.08万元，即$95.4 \times 20\% = 19.08$（万元）。

预付工程款从第三个月扣留，因为第一、二期累计工程款为：

$$1800 \times 180 = 32.4 > 95.4 \times 30\% = 28.62\text{（万元）}$$

每月应扣预付工程款$19.08/3 = 6.36$（万元）。

(3)①第一月工程款为$800 \times 180 = 14.40$（万元）；

应扣保留金：$14.40 \times 0.05 = 0.72$（万元）；

本月签证的工程款:14. 40 ×0. 95 =13. 68(万元)(本月不予付款)。

②第二月工程款为:1000 ×180 =18(万元);

本月应扣保留金:18 ×0. 05 =0. 9(万元);

本月签证的工程款:18 ×0. 95 =17. 10(万元);

本月应签发的付款凭证金额为:7. 10 +13. 68 =30. 78(万元)。

③第四个月工程款为:1200 ×180 =21. 6(万元);

本月应扣保留金:21. 60 ×0. 05 =1. 08(万元);

应扣预付工程款:6. 36 万元;

20. 52 -6. 36 =14. 16(万元) <15 万元(本月不予付款)。

④第四个月工程款为:1200 ×180 =21. 6(万元);

本月应扣保留金:21. 60 ×0. 05 =1. 08(万元);

应扣预付工程款:6. 36 万元;

本月应签证工程款:21. 60 -1. 08 -6. 36 =14. 16(万元);

本月应签发支付的金额为:14. 16 +14. 16 =28. 32(万元)。

⑤第五个月累计完成 5400m^3,比原估算的工程量超过 100m^3,但未超过估算 10%,仍按原价估算工程价:1200 ×180 =21. 60(万元);

应扣保留金:21. 60 ×0. 05 =1. 08(万元);

应扣预付款:6. 36 万元;

本月应签证工程款:21. 60 -1. 08 -6. 36 =14. 16(万元) <15(万元)(本月不予付款)。

⑥第六个月累计完成 5900m^3,比原估算量超过 600m^3,已超过 10%,对超过部分应调整单价;

应调整单价的工程量为:5900 -5300(1 +10%) =70(m^3);

第六个月完成的工程量价款为:70 ×180 ×0. 9 +(500 -70) ×180 =8. 874(万元);

应扣保留金:8. 874 ×0. 05 =0. 4437(万元);

应签证的工程款为:8. 874 -0. 4437 =8. 43(万元);

应签发的付款凭证为:14. 16 +8. 43 =22. 59(万元)。

2. 解答:

(1)合理的索赔金额如下:

窝工机械闲置费:按合同机械闲置只计取折旧费,

塔吊 1 台:300 ×70% ×14 =2940(元);

混凝土搅拌机 1 台:70 ×70% ×14 =686(元);

砂浆搅拌机 1 台:30 ×70% ×12 =252(元);

小计:2940 +686 +252 =3878(元)。

(2)窝工人工费:因业主已于 1 周前通知承包商,故只以补偿支付:

4 ×35 ×14 =1900(元),及 25 ×30 ×12 =9000(元);

因砂浆搅拌机机械故障造成的窝工不予补偿。

小计:1960 +9000 =10960(元)。

(3)临时个别窝工一般不补偿管理费和利润。

故合理的索赔金额为:3878 +10960 =14838(元)。

附录6　交通基本建设项目竣工决算报告编制办法

二〇〇〇年四月二十一日

第一条　为严格执行基本建设项目竣工验收制度,正确核定新增资产价值,全面反映投资者的权益,根据国家有关规定,结合交通部门的实际情况,制定本办法。

第二条　交通基本建设项目是指列入国家和地方交通基本建设投资计划的公路、水运及其他基本建设项目。

第三条　竣工决算报告是考核交通基本建设项目投资效益、反映建设成果的文件,是确定交付使用财产价值、办理交付使用手续的依据。

建设单位要有专人负责有关资料的收集、整理、分析、保管工作。项目完建后,要组织工程技术、计划、财务、物资、统计等有关部门的人员共同编制项目竣工决算报告。设计、施工、监理等单位应积极配合建设单位做好竣工决算报告的编制工作。

第四条　交通基本建设项目竣工后,应按照国家有关规定及本办法编制竣工决算报告。没有编制竣工决算报告的项目不得进行竣工验收。

第五条　竣工决算报告应当依据以下文件、资料编制:

(一)经批准的可行性研究报告、初步设计、概算或调整概算、变更设计以及开工报告等文件;

(二)历年的年度基本建设投资计划;

(三)经审核批复的历年年度基本建设财务决算;

(四)编制的施工图预算、承包合同、工程结算等有关资料;

(五)历年有关财产物资、统计、财务会计核算、劳动工资、审计及环境保护等有关资料;

(六)工程质量鉴定、检验等有关文件,工程监理有关资料;

(七)施工企业交工报告等有关技术经济资料;

(八)有关建设项目附产品、简易投产、试运营(生产)、重载负荷试车等产生基本建设收入的财务资料;

(九)有关征地拆迁资料(协议)和土地使用权确权证明;

(十)其他有关的重要文件。

第六条　竣工决算报告由以下四部分组成:

(一)竣工决算报告的封面、目录;

(二)竣工工程平面示意图;

(三)竣工决算报告说明书;

(四)竣工决算表格。

第七条　竣工决算报告说明书是竣工决算报告的重要组成部分,主要内容包括:工程项目概况及组织管理情况;工程建设过程和工程管理工作中的重大事件、经验教训;工程投资支出和财务管理工作的基本情况(包括主要会计事项处理原则,财产物资清理及债权债务清偿情况;基建结余资金、基建收入等的上交分配情况;主要技术经济指标的分析、计算情况等);工程遗留问题等。

第八条 竣工决算报告表分为决算审批表、工程概况专用表和财务通用表。

(一)竣工决算审批表(交建竣 1 表)

(二)工程概况专用表

1. 公路建设项目工程概况表(交建竣 2-1 表);

2. 桥梁隧道建设项目工程概况表(交建竣 2-2 表);

3. 内河航运建设项目工程概况表(交建竣 2-3 表);

4. 港口(码头)建设项目工程概况表(交建竣 2-4 表);

5. 其他建设项目工程概况表(交建竣 2-5 表)。

(三)财务通用表

1. 建设项目竣工财务决算总表(交建竣 3-1 表);

2. 资金来源情况表(交建竣 3-2 表);

3. 待核销基建支出及转出投资明细表(交建竣 3-3 表);

4. 工程造价和概算执行情况表(交建竣 4 表);

5. 外资使用情况表(交建竣 5 表);

6. 基本建设项目交付使用资产总表(交建竣 6-1 表);

7. 基本建设项目交付使用资产明细表(交建竣 6-2 表)。

第九条 竣工决算报告按照建设项目类型分公路建设项目、桥梁隧道建设项目、内河航运建设项目、港口(码头)建设项目和不能归入上述四类的其他建设项目等分别编报。编制竣工决算报告时,必须填制本类项目工程概况专用表和全套财务通用表。

第十条 建设项目完建时的收尾工程,建设单位可根据概算所列的投资额或收尾工程的实际情况测算投资支出列入竣工决算报告。但收尾工程投资额不得超过工程总投资的 5%。

第十一条 对列入竣工决算报告的基本建设收入、基建结余资金等财务问题,建设单位应按国家规定进行相应处理。

第十二条 建设项目完建时,建设单位要认真做好各项账务、物资、财产、债权债务、投资资金到位情况和报废工程的清理工作,做到工完料清,账实相符。各种材料、物资、设备、施工机具等要逐项清点核实,妥善保管,按照国家规定处理,不准任意侵占。

第十三条 建设单位编制的竣工决算报告在审计部门提出审计意见后,方可组织竣工验收。未经竣工验收委员会认定的竣工决算报告不得上报。

第十四条 中央级大中型基本建设项目,其项目竣工决算报告经省级交通主管部门或部属一级单位签署意见后报部备案(一式四份)。

竣工决算报告在竣工验收委员会审查同意后 3 个月内报出。

第十五条 竣工验收合格的基本建设项目其正式交付使用时间由竣工验收委员会确定。

第十六条 对编报竣工决算报告工作认真负责,上报及时的,上级交通主管部门可以给予表彰。对不按本办法编制和报送竣工决算报告的,上级交通主管部门可以通报批评;情节严重的,可暂停拨付建设资金、停批新建项目,并按有关规定对单位负责人及直接责任人给予行政处分和行政处罚。

第十七条 本办法由交通部负责解释。

第十八条 本办法自发布之日起施行。

交通基本建设项目竣工决算报告编表说明

一、交通基本建设项目竣工决算报告封面。

1.“主管部门”指建设单位的主管部门。

2.“建设项目名称”填写批准的项目初步设计文件中注明的项目名称。

3.“建设项目类别”是指“大中型”或“小型”。

4.“建设性质”是指建设项目属于续建、新建、改建、迁建和恢复建设等内容。

5.“级别”是指中央级或地方级的建设项目。

二、竣工决算审批表(交建竣1表)。

中央级大中型基本建设项目,其项目竣工决算报告经省级交通主管部门或部属一级单位签署意见后报部备案(一式四份)。

三、建设项目概况表(交建竣2-1、2-2、2-3、2-4、2-5表)。

1.建设时间开工和竣工日期按照实际开工和办理竣工验收的日期填列。如实际开工日期与批准的开工日期不符应作出说明。

2.表中初步设计、调整概算的批准机关、日期、文号应按历次审批文件填列。

3.表中有关项目的设计、概算、决算等指标,根据批准的设计文件和概算、决算等确定的数字填写。

4.表中“总投资”按批准的概算和调整概算数及累计实际投资数填列。

5.表中“基建支出合计”是指建设项目从开工起至竣工止发生的全部基本建设支出,根据财政部门或主管部门历年批准的“基建投资表”中有关数字填列。

6.表中所列工程主要特征、完成主要工程量、主要材料消耗量、主要技术经济指标等,根据主管部门批准的概算、建设单位统计资料和施工企业提供的有关成本核算资料等分别填列。

7.“主要收尾工程”填写工程内容和名称、预计投资额及完成时间等。如果收尾工程内容较多,可增设“收尾工程项目明细表”。这部分工程的实际成本,可根据具体情况进行估算,并作说明,完工以后不再调整竣工决算,但应将收尾工程执行结果按规定程序补报有关资料。

8.“工程质量评定”填列经工程质量监督部门检测评定的单项工程质量评定及工程综合评价结果。

四、财务决算总表、资金来源情况表、待核销基建支出及转出投资明细表,反映竣工工程从工程开始建设起至竣工时为止全部资金来源和运用情况。

(一)基本建设项目竣工财务决算总表(交建竣3-1表)。

1.表中有关“交付使用资产”、“基建拨款”、“项目资本”、“基建借款”等项目,填列自开工建设至竣工止的累计数,上述指标根据历年批复的年度基本建设财务决算和竣工年度的基本建设财务决算中资金平衡表相应项目的数字进行汇总填列(包括收尾工程的估列数)。

2.表中其余各项目反映办理竣工验收时的结余数,根据竣工年度财务决算中资金平衡表的有关项目期末数填表。

3.资金占用总额应等于资金来源总额。

4.补充资料的“基建投资借款期末余额”反映竣工时尚未偿还的基建投资借款数,应根据竣工年度资金平衡表内的“基建投资借款”项目期末数填列;“应收生产单位投资借款期末数”,应根据竣工年度资金平衡表内的“应收生产单位投资借款”项目的期末数填列;“基建结余资金”反映竣工时的结余资金,应根据竣工财务决算总表中有关项目计算填列。

5. 基建结余资金的计算。基建结余资金 = 基建拨款 + 项目资本 + 项目资本公积 + 基建投资借款 + 企业债券资金 + 待冲基建支出 - 基本建设支出 - 应收生产单位投资借款。

(二)资金来源情况表(交建竣 3-2 表)。

本表反映建设项目分年度的投资计划与资金拨付到位情况,表中有关基建拨款、项目资本、基建投资借款等资金来源内容,根据历年批复的年度基本建设财务决算和竣工年度的基本建设财务决算中资金平衡表相应项目的数字填列(包括收尾工程的估列数)。

(三)待核销基建支出及转出投资明细表(交建竣 3-3 表)。

1. “待核销基建支出”反映非经营性项目发生的江河清障、航道清淤、补助群众造林、水土保持、取消项目的可行性研究费以及项目报废等不能形成资产部分的投资支出。

2. “转出投资”反映非经营性项目为项目配套而建成的、产权不归属本单位的专用设施的实际成本,按照规定的内容分项逐笔填列。

五、工程造价和概算执行情况表(交建竣 4 表)。

1. 本表反映工程实际建设成本和总造价,以及概算投资节余和概算投资包干部分节余的情况,应按照概算项目或单项工程(费用项目)填列。

2. 待摊投资按照某一单项工程投资额占全部投资的比例分摊到单项工程上。不计入固定资产价值的支出不分摊待摊投资。

六、外资使用情况表(交建竣 5 表)。

本表反映建设项目外资使用情况,按照使用外资支出费用项目填列。应说明批准初步设计时的汇率、记账汇率、竣工时的汇率以及外资贷款的转贷金额和转贷单位等情况。各有关表格中,外币折合人民币时,应以项目竣工时的汇率为准。

七、交付使用资产总表和交付使用资产明细表。

1. 交付使用资产总表中各栏数字应根据交付使用资产明细表中相应项目的数字汇总填列。交付使用资产明细表作为建设单位管理项目资产使用,可不纳入上报的竣工决算报告,其具体格式各单位可根据情况进行修改。

2. 交付使用资产总表中固定资产、流动资产、无形资产和递延资产各栏的合计数,应分别与竣工财务决算表交付使用资产的相应数字相符。

建设单位　　　　　　　　建设项目名称
主管部门　　　　　　　　建设项目类别
级　　别　　　　　　　　建设性质
交通基本建设项目竣工决算报表
建设单位盖章　　　　　　建设单位负责人
编报日期　　　　　　　　年　　月　　日

附录7　企业会计准则

第一章　总　则

第一条　为适应我国社会主义市场经济发展的需要，统一会计核算标准，保证会计信息质量，根据《中华人民共和国会计法》，制定本准则。

第二条　本准则适用于设在中华人民共和国境内的所有企业。

设在中华人民共和国境外的中国投资企业（以下简称境外企业）应当按照本准则向国内有关部门编报财务报告。

第三条　制定企业会计制度应当遵循本准则。

第四条　会计核算应当以企业发生的各项经济业务为对象，记录和反映企业本身的各项生产经营活动。

第五条　会计核算应当以企业持续、正常的生产经营活动为前提。

第六条　会计核算应当划分会计期间，分期结算账目和编制会计报表。会计期间分为年度、季度和月份。年度、季度和月份的起讫日期采用公历日期。

第七条　会计核算以人民币为记账本位币。业务收支以外币为主的企业，也可以选定某种外币作为记账本位币，但编制的会计报表应当折算为人民币反映。境外企业向国内有关部门编报会计报表，应当折算为人民币反映。

第八条　会计记账采用借贷记账法。

第九条　会计记录的文字应当使用中文，少数民族自治地区可以同时使用少数民族文字。外商投资企业和外国企业也可以同时使用某种外国文字。

第二章　一般原则

第十条　会计核算应当以实际发生的经济业务为依据，如实反映财务状况和经营成果。

第十一条　会计信息应当符合国家宏观经济管理的要求，满足有关各方了解企业财务状况和经营成果的需要，满足企业加强内部经营管理的需要。

第十二条　会计核算应当按照规定的会计处理方法进行，会计指标应当口径一致、相互可比。

第十三条　会计处理方法前后各期应当一致，不得随意变更。如确有必要变更，应当将变更的情况、变更的原因及其对企业财务状况和经营成果的影响，在财务报告中说明。

第十四条　会计核算应当及时进行。

第十五条　会计记录和会计报表应当清晰明了，便于理解和利用。

第十六条　会计核算应当以权责发生制为基础。

第十七条　收入与其相关的成本、费用应当相互配比。

第十八条　会计核算应当遵循谨慎原则的要求，合理核算可能发生的损失和费用。

第十九条　各项财产物资应当按取得时的实际成本计价。物价变动时，除国家另有规定者外，不得调整其账面价值。

第二十条 会计核算应当合理划分收益性支出与资本性支出。凡支出的效益仅与本会计年度相关的，应当作为收益性支出；凡支出的效益与几个会计年度相关的，应当作为资本性支出。

第二十一条 财务报告应当全面反映企业的财务状况和经营成果。对于重要的经济业务，应当单独反映。

第三章 资　　产

第二十二条 资产是企业拥有或者控制的能以货币计量的经济资源，包括各种财产、债权和其他权利。

第二十三条 资产分为流动资产、长期投资、固定资产、无形资产、递延资产和其他资产。

第二十四条 流动资产是指可以在一年或者超过一年的一个营业周期内变现或者耗用的资产，包括现金及各种存款、短期投资、应收及预付款项、存货等。

第二十五条 现金及各种存款按照实际收入和支出数记账。

第二十六条 短期投资是指各种能够随时变现、持有时间不超过一年的有价证券以及不超过一年的其他投资。有价证券应按取得时的实际成本记账。当期的有价证券收益，以及有价证券转让所取得的收入与账面成本的差额，计入当期损益。短期投资应当以账面余额在会计报表中列示。

第二十七条 应收及预付款项包括：应收票据、应收账款、其他应收款、预付货款、待摊费用等。应收及预付款项应当按实际发生额记账。应收账款可以计提坏账准备金。坏账准备金在会计报表中作为应收账款的备抵项目列示。各种应收及预付款项应当及时清算、催收，定期与对方对账核实。经确认无法收回的应收账款，已提坏账准备金的，应当冲销坏账准备金；未提坏账准备金的，应当作为坏账损失，计入当期损益。待摊费用应当按受益期分摊，未摊销余额在会计报表中应当单独列示。

第二十八条 存货是指企业在生产经营过程中为销售或者耗用而储存的各种资产，包括商品、产成品、半成品、在产品以及各类材料、燃料、包装物、低值易耗品等。各种存货应当按取得时的实际成本核算。采用计划成本或者定额成本方法进行日常核算的，应当按期结转其成本差异，将计划成本或者定额成本调整为实际成本。各种存货发出时，企业可以根据实际情况，选择使用先进先出法、加权平均法、移动平均法、个别计价法、后进先出法等方法确定其实际成本。各种存货应当定期进行清查盘点。对于发生的盘盈、盘亏以及过时、变质、毁损等需要报废的，应当及时进行处理，计入当期损益。各种存货在会计报表中应当以实际成本列示。

第二十九条 长期投资是指不准备在一年内变现的投资，包括股票投资、债券投资和其他投资。股票投资和其他投资应当根据不同情况，分别采用成本法或权益法核算。债券投资应当按实际支付的款项记账。实际支付的款项中包括应计利息的，应当将这部分利息单独记账。溢价或者折价购入的债券，其实际支付的价款与债券面值的差额，应当在债券到期前分期摊销。债券投资存续期内的应计利息，以及出售时收回的本息与债券账面成本及尚未收回应计利息的差额，应当计入当期损益。长期投资应当在会计报表中分项列示。一年内到期的长期投资，应当在流动资产下单列项目反映。

第三十条 固定资产是指使用年限在一年以上，单位价值在规定标准以上，并在使用过程中保持原来物质形态的资产，包括房屋及建筑物、机器设备、运输设备、工具器具等。固定资产应当按取得时的实际成本记账。在固定资产尚未交付使用或者已投入使用但尚未办理竣工决算之前发生的固定资产的借款利息和有关费用,以及外币借款的汇兑差额,应当计入固定资产价值;在此之后发生的借款利息和有关费用及外币借款的汇兑差额,应当计入当期损益。接受捐赠的固定资产应按照同类资产的市场价格或者有关凭据确定固定资产价值。接受捐赠固定资产时发生的各项费用,应当计入固定资产价值。融资租入的固定资产应当比照自有固定资产核算,并在会计报表附注中说明。固定资产折旧应当根据固定资产原值、预计净残值、预计使用年限或预计工作量,采用年限平均法或者工作量(或产量)法计算。如符合有关规定,也可采用加速折旧法。固定资产的原值、累计折旧和净值,应当在会计报表中分别列示。为购建固定资产或者对固定资产进行更新改造发生的实际支出,应当在会计报表中单独列示。固定资产应当定期进行清查盘点,对于固定资产盘盈、盘亏的净值以及报废清理所发生的净损失应当计入当期损益。

第三十一条 无形资产是指企业长期使用而没有实物形态的资产,包括专利权、非专利技术、商标权、著作权、土地使用权、商誉等。购入的无形资产,应当按实际成本记账;接受投资取得的无形资产,应当按照评估确认或者合同约定的价格记账;自行开发的无形资产,应当按开发过程中实际发生的支出数记账。各种无形资产应当在受益期内分期平均摊销,未摊销余额在会计报表中列示。

第三十二条 递延资产是指不能全部计入当年损益,应当在以后年度内分期摊销的各项费用,包括开办费、租入固定资产的改良支出等。企业在筹建期内实际发生的各项费用,除应计入有关财产物资价值者外,应当作为开办费入账。开办费应当在企业开始生产经营以后的一定年限内分期平均摊销。租入固定资产改良支出应当在租赁期内平均摊销。各种递延资产的未摊销余额应当在会计报表中列示。

第三十三条 其他资产是指除以上各项目以外的资产。

第四章 负　　债

第三十四条 负债是企业所承担的能以货币计量、需以资产或劳务偿付的债务。

第三十五条 负债分为流动负债和长期负债。

第三十六条 流动负债是指将在一年或者超过一年的一个营业周期内偿还的债务,包括短期借款、应付票据、应付账款、预收货款、应付工资、应交税金、应付利润、其他应付款、预提费用等。各项流动负债应当按实际发生数额记账。负债已经发生而数额需要预计确定的,应当合理预计,待实际数额确定后,进行调整。流动负债的余额应当在会计报表中分项列示。

第三十七条 长期负债是指偿还期在一年或者超过一年的一个营业周期以上的债务,包括长期借款、应付债券、长期应付款项等。长期借款包括向金融机构借款和向其他单位借款。长期借款应当区分借款性质按实际发生的数额记账。发行债券时,应当按债券的面值记账。债券溢价或折价发行时,实收价款与面值的差额应当单独核算,在债券到期前分期冲减或者增加各期的利息支出。长期应付款项包括应付引进设备款、融资租入固定资产应付款等。长期应付款项应当按实际发生数额记账。长期负债应当按长期借款、应付债券、长期应付款项在会计报表中分项列示。将于一年内到期偿还的长期负债,应当在流动负债下单列项目反映。

第五章 所有者权益

第三十八条 所有者权益是企业投资人对企业净资产的所有权,包括企业投资人对企业的投入资本以及形成的资本公积金、盈余公积金和未分配利润等。

第三十九条 投入资本是投资者实际投入企业经营活动的各种财产物资。投入资本应当按实际投资数额入账。股份制企业发行股票,应当按股票面值作为股本入账。国家拨给企业的专项拨款,除另有规定者外,应当作为国家投资入账。

第四十条 资本公积金包括股本溢价、法定财产重估增值、接受捐赠的资产价值等。

第四十一条 盈余公积金是指按照国家有关规定从利润中提取的公积金。盈余公积金应当按实际提取数记账。

第四十二条 未分配利润是企业留于以后年度分配的利润或待分配利润。

第四十三条 投入资本、资本公积金、盈余公积金和未分配利润的各个项目,应当在会计报表中分项列示。如有未弥补亏损,应作为所有者权益的减项反映。

第六章 收 入

第四十四条 收入是企业在销售商品或者提供劳务等经营业务中实现的营业收入。包括基本业务收入和其他业务收入。

第四十五条 企业应当合理确认营业收入的实现,并将已实现的收入按时入账。企业应当在发出商品、提供劳务,同时收讫价款或者取得索取价款的凭据时,确认营业收入。长期工程(包括劳务)合同,一般应当根据完成进度法或者完成合同法合理确认营业收入。

第四十六条 销售退回、销售折让和销售折扣,应作为营业收入的抵减项目记账。

第七章 费 用

第四十七条 费用是企业在生产经营过程中发生的各项耗费。

第四十八条 直接为生产商品和提供劳务等发生的直接人工、直接材料、商品进价和其他直接费用,直接计入生产经营成本;企业为生产商品和提供劳务而发生的各项间接费用,应当按一定标准分配计入生产经营成本。

第四十九条 企业行政管理部门为组织和管理生产经营活动而发生的管理费用和财务费用,为销售和提供劳务而发生的进货费用、销售费用,应当作为期间费用,直接计入当期损益。

第五十条 本期支付应由本期和以后各期负担的费用,应当按一定标准分配计入本期和以后各期。本期尚未支付但应由本期负担的费用,应当预提计入本期。

第五十一条 成本计算一般应当按月进行。企业可以根据生产经营特点、生产经营组织类型和成本管理的要求自行确定成本计算方法。但一经确定,不得随意变动。

第五十二条 企业应当按实际发生额核算费用和成本。采用定额成本或者计划成本方法的,应当合理计算成本差异,月终编制会计报表时,调整为实际成本。

第五十三条 企业应当正确、及时地将已销售商品和提供劳务的成本作为营业成本,连同期间费用,结转当期损益。

第八章 利 润

第五十四条 利润是企业在一定期间的经营成果,包括营业利润、投资净收益和营业外收支净额。营业利润为营业收入减去营业成本、期间费用和各种流转税及附加税费后的余额。投资净收益是企业对外投资收入减去投资损失后的余额。营业外收支净额是指与企业生产经营没有直接关系的各种营业外收入减营业外支出后的余额。

第五十五条 企业发生亏损,应当按规定的程序弥补。

第五十六条 利润的构成和利润分配的各个项目,应当在会计报表中分项列示。仅有利润分配方案,而未最后决定的,应当将分配方案在会计报表附注中说明。

第九章 财务报告

第五十七条 财务报告是反映企业财务状况和经营成果的书面文件,包括资产负债表、损益表、财务状况变动表(或者现金流量表)、附表及会计报表附注和财务情况说明书。

第五十八条 资产负债表是反映企业在某一特定日期财务状况的报表。资产负债表的项目,应当按资产、负债和所有者权益的类别,分项列示。

第五十九条 损益表是反映企业在一定期间的经营成果及其分配情况的报表。损益表的项目,应当按利润的构成和利润分配各项目分项列示。利润分配部分各个项目也可以另行编制利润分配表。

第六十条 财务状况变动表是综合反映一定会计期间内营运资金来源和运用及其增减变动情况的报表。财务状况变动表的项目分为营运资金来源和营运资金运用。营运资金来源与营运资金运用的差额为营运资金增加(或减少)净额。营运资金来源分为利润来源和其他来源,并分项列示。营运资金运用分为利润分配和其他用途,并分项列示。企业也可以编制现金流量表,反映财务状况的变动情况。现金流量表是反映在一定会计期间现金收入和支出情况的会计报表。

第六十一条 会计报表可以根据需要,采用前后期对比方式编列。采取前后期对比方式编列的,上期的项目分类和内容与本期不一致的,应当将上期数按本期项目和内容,调整有关数字。

第六十二条 会计报表应当根据登记完整、核对无误的账簿记录和其他有关资料编制,做到数字真实、计算准确、内容完整、报送及时。

第六十三条 企业对外投资如占被投资企业资本总额半数以上,或者实质上拥有被投资企业控制权的,应当编制合并会计报表。特殊行业的企业不宜合并的,可不予合并,但应当将其会计报表一并报送。

第六十四条 会计报表附注是为帮助理解会计报表的内容而对报表的有关项目等所作的解释,其内容主要包括:所采用的主要会计处理方法;会计处理方法的变更情况、变更原因以及对财务状况和经营成果的影响;非经常性项目的说明;会计报表中有关重要项目的明细资料;其他有助于理解和分析报表需要说明的事项。

第十章 附 则

第六十五条 本准则由财政部负责解释。

第六十六条 本准则自一九九三年七月一日起施行。

附录8　企业财务通则

第一章　总　　则

第一条　为了适应我国社会主义市场经济发展的需要，规范企业财务行为，有利于企业公平竞争，加强财务管理和经济核算，制定本通则。

第二条　本通则是设立在中华人民共和国境内的各类企业财务活动必须遵循的原则和规范。

第三条　企业应当在办理工商登记或者变更登记之日起三十日内，向主管财政机关提交企业设立批准证书、营业执照、章程等文件或者变更文件的复制件。

第四条　企业财务管理的基本原则是，建立健全企业内部财务管理制度，做好财务管理基础工作，如实反映企业财务状况，依法计算和缴纳国家税收，保证投资者权益不受侵犯。

第五条　企业财务管理的基本任务和方法是，做好各项财务收支的计划、控制、核算、分析和考核工作，依法合理筹集资金，有效利用企业各项资产，努力提高经济效益。

第二章　资金筹集

第六条　设立企业必须有法定的资本金。资本金是指企业在工商行政管理部门登记的注册资金。资本金按照投资主体分为国家资本金、法人资本金、个人资本金以及外商资本金等。

第七条　企业根据国家法律、法规的规定，可以采取国家投资、各方集资或者发行股票等方式筹集资本金。投资者可以用现金、实物、无形资产等形式向企业投资。投资者未按照投资合同、协议履行出资义务的，企业或者其他投资者可以依法追究其违约责任。

第八条　企业在筹集资本金活动中，投资者缴付的出资额超出资本金的差额（包括股票溢价），法定财产重估增值，以及接受捐赠的财产等，计入资本公积金。资本公积金可以按照规定，转增资本金。

第九条　企业筹集的资本金，企业依法享有经营权，在企业经营期内，投资者除依法转让外，不得以任何方式抽回。法律、行政法规另有规定的，从其规定。

第十条　企业的负债，包括长期负债和流动负债。长期负债是指偿还期限在一年或者超过一年的一个营业周期以上的债务，包括长期借款、应付长期债券、长期应付款项等。流动负债是指可以在一年内或者超过一年的一个营业周期内偿还的债务，包括短期借款、应付短期债券、预提费用、应付及预收款项等。

第十一条　长期负债的应计利息支出，筹建期间的，计入开办费；生产经营期间的，计入财务费用；清算期间的，计入清算损益。其中，与购建固定资产或者无形资产有关的，在资产尚未交付使用或者虽已交付使用但尚未办理竣工决算以前，计入购建资产的价值。流动负债的应计利息支出，计入财务费用。

第三章 流 动 资 产

第十二条 流动资产是指可以在一年内或者超过一年的一个营业周期内变现或者运用的资产,包括现金及各种存款、存货、应收及预付款项等。

第十三条 企业按照国家规定,可以计提坏账准备金。发生的坏账损失,冲减坏账准备金。不计提坏账准备金的,发生的坏账损失,计入当期费用。坏账损失是指因债务人破产或者死亡,以其破产财产或者遗产清偿后,仍然不能收回的应收账款,或者因债务人逾期未履行偿债义务超过三年仍然不能收回的应收账款。

第十四条 存货是指企业在生产经营过程中为销售或者耗用而储备的物资,包括材料、燃料、低值易耗品、在产品、半成品、产成品、协作件以及商品等。低值易耗品和周转使用的包装物等,在领用后,可以一次或者分期摊入费用。存货盘盈、盘亏、毁损的净收益或者净损失,计入当期损益。其中,存货毁损的非常损失,计入当期损失。

第四章 固 定 资 产

第十五条 固定资产是指使用期限超过一年,单位价值在规定标准以上,并且在使用过程中保持原有物质形态的资产,包括房屋及建筑物、机器设备、运输设备、工具器具等。

第十六条 固定资产变价收入扣除清理费用后的净收入与其账面净值的差额,以及固定资产盘盈、盘亏、毁损的净收益或者净损失,计入当期损益。

第十七条 在建工程支出是指为购建固定资产或者对固定资产进行技术改造在固定资产交付使用以前而发生的支出,包括工程用设备、材料等专用物资,预付的工程价款,未完工程支出等。在建工程完工以前因试运转发生的支出和营业性收入,一般计入或者冲减在建工程成本。

第十八条 固定资产的分类折旧年限、折旧办法以及计提折旧的范围由财政部确定。企业按照国家规定选择具体的折旧方法和确定加速折旧幅度。固定资产折旧,从固定资产投入使用月份的次月起,按月计提。停止使用的固定资产,从停用月份的次月起,停止计提折旧。

第十九条 固定资产修理费用,计入当期成本、费用。修理费用发生不均衡、数额较大的,可以采取分期摊销或者预提的办法,并报主管财政机关备案。

第五章 无形资产、递延资产和其他资产

第二十条 无形资产是指企业长期使用但是没有实物形态的资产,包括专利权、商标权、著作权、土地使用权、非专利技术、商誉等。无形资产从开始使用之日起,按照规定期限分期摊销。没有规定期限的,按照预计使用期限或者不少于十年的期限分期摊销。

第二十一条 递延资产是指不能全部计入当年损益,应当在以后年度内分期摊销的各项费用,包括开办费、租入固定资产的改良支出等。开办费自投产营业之日起,按照不短于五年的期限分期摊销。

第二十二条 其他资产包括特准储备物资等。

第六章 对 外 投 资

第二十三条 对外投资是指企业以现金、实物、无形资产或者购买股票、债券等有价证券方式向其他单位的投资,包括短期投资和长期投资。短期投资是指能够随时变现、持有时间不

超过一年的有价证券以及不超过一年的其他投资。长期投资是指不准备随时变现、持有时间在一年以上的有价证券以及超过一年的其他投资。

第二十四条 企业以实物、无形资产方式对外投资的,其资产重估确认价值与其账面净值的差额,计入资本公积金。以购买债券方式对外投资的,实际支付款项与债券面值的差额,为企业债券的溢价和折价,在债券到期以前分期摊销或者转销。以购买股票方式对外投资的,实际支付款项中含有已宣告发放股利的,将实际支付款项扣除应收股利后的差额,作为对外投资。

第二十五条 企业对外投资分得的利润或者股利,计入投资收益,按照国家规定缴纳或者补交所得税。企业收回的对外投资与其投出时的账面价值的差额,计入当期损益。

第七章 成本和费用

第二十六条 企业为生产经营商品和提供劳务等发生的各项直接支出,包括直接工资、直接材料、商品进价以及其他直接支出,直接计入生产经营成本。企业为生产经营商品和提供劳务而发生的各项间接费用,分配计入生产经营成本。

第二十七条 企业发生的销售(货)费用、管理费用和财务费用,直接计入当期损益。销售(货)费用包括销售产(商)品或者提供劳务过程中发生的应当由企业负担的运输费、装卸费、包装费、保险费、展览费、差旅费、广告费,以及专设销售机构的人员工资和其他经费等。管理费用包括由企业统一负担的公司经费、工会经费、职工教育经费、劳动保险费、待业保险费、董事会会费、咨询费、诉讼费、税金、土地使用费、土地损失补偿费、技术转让费、技术开发费、无形资产摊销、开办费摊销、业务招待费、坏账损失、上交上级管理费以及其他管理费用。财务费用包括企业经营期间发生的利息净支出、汇兑净损失、银行手续费等。

第二十八条 企业的下列支出,不得列入成本、费用:为购置和建造固定资产、购入无形资产和其他资产的支出;对外投资的支出;被没收的财物;各项罚款、赞助、捐赠支出;以及国家规定不得列入成本、费用的其他支出。

第八章 营业收入、利润及其分配

第二十九条 营业收入是指企业在生产经营活动中,由于销售商品、提供劳务等取得的收入。企业发生的销售退回、销售折让、销售折扣,冲减当期营业收入。

第三十条 企业的利润总额包括营业利润、投资净收益以及营业外收支净额。营业利润是指营业收入扣除成本、费用和各种流转税及附加税费后的数额。投资净收益是指投资收益扣除投资损失后的数额。营业外收支净额为营业外收入减去营业外支出后的数额。

第三十一条 企业发生的年度亏损,可以用下一年度的利润弥补;下一年度利润不足弥补的,可以在五年内用所得税前利润延续弥补。延续五年未弥补的亏损,用缴纳所得税后的利润弥补。

第三十二条 企业的利润按照国家规定做相应的调整后,依法缴纳所得税。缴纳所得税后的利润,除国家另有规定者外,按照下列顺序分配:

一、被没收财物损失,违反税法规定支付的滞纳金和罚款。

二、弥补企业以前年度亏损。

三、提取法定公积金。法定公积金用于弥补亏损,按照国家规定转增资本金等。

四、提取公益金。公益金主要用于企业职工的集体福利设施支出。

五、向投资者分配利润。企业以前年度未分配的利润，可以并入本年度向投资者分配。

第九章 外 币 业 务

第三十三条 企业的外币业务是指以记账本位币以外的货币进行的款项收付、往来结算以及计价等业务。企业以人民币为记账本位币。业务收支以外币为主的企业，可以选定某种外币作为记账本位币。

第三十四条 企业各种外币项目（不包括按照调剂价单独记账的外币项目）的期末余额，除国家另有规定者外，按照期末国家外汇牌价折合为记账本位币金额。期末国家外汇牌价折合为记账本位币金额与账面记账本位币金额的差额，作为汇兑损益，计入当期损益。

第三十五条 企业发生的汇兑净损益，筹建期间发生的，计入开办费，自企业投产营业起，按照不短于五年的期限分期摊（转）销，或者留待弥补企业生产经营期间发生的亏损，或者留待并入企业的清算损益；生产经营期间发生的，计入财务费用；清算期间发生的，计入清算损益。其中，与购建固定资产或者无形资产有关的，在资产尚未交付使用或者虽已交付使用但尚未办理竣工决算以前，计入购建资产的价值。

第三十六条 企业发生外币调剂业务时，外币金额按照调剂价折合为记账本位币金额与账面记账本位币金额的差额，计入当期损益。

第十章 企 业 清 算

第三十七条 企业按照章程规定解散或者破产以及其他原因宣布终止时，应当成立清算机构，对企业财产、债权、债务进行全面清查，编制资产负债表、财产目录和债权、债务清单，提出财产作价依据和债权、债务处理办法，妥善处理各项遗留问题。

第三十八条 清算期间发生的清算机构的人员工资、差旅费、办公费、公告费等，计入清算费用，由企业现有财产优先支付。清算期间发生的财产盘盈或者盘亏、变卖，无力归还的债务或者无法收回的债权，以及清算期间的经营收入或者损失等，计入清算损益。

第三十九条 企业财产拨付清算费用后，按照下列顺序清偿债务：

一、应付未付的职工工资、劳动保险费等。

二、应缴未缴国家的税金。

三、尚未偿付的债务。同一顺序内不足清偿的，按照比例清偿。

第四十条 清算终了，企业的清算净收益，依法缴纳所得税。缴纳所得税后的剩余财产，按照投资者出资比例或者合同、章程规定进行分配。

第十一章 财务报告与财务评价

第四十一条 财务报告是反映企业财务状况和经营成果的总结性书面文件，包括资产负债表、损益表、财务状况变动表（现金流量表）、有关附表以及财务情况说明书。企业应当定期向投资者、债权人、有关的政府部门以及其他报表使用者提供财务报告。

第四十二条 财务情况说明书，主要说明企业的生产经营状况、利润实现和分配情况、资金增减和周转情况、税金缴纳情况、各项财产物资变动情况；对本期或者下期财务状况发生重大影响的事项；资产负债表日后至报出财务报告前发生的对企业财务状况变动有重大影响的事项；以及需要说明的其他事项。

第四十三条 企业总结、评价本企业财务状况和经营成果的财务指标包括：流动比率、速动比率、应收账款周转率、存货周转率、资产负债率、资本金利润率、营业收入利税率、本费用利润率等。

第十二章　附　　则

第四十四条　本通则由财政部负责解释并组织实施。

第四十五条　分行业的企业财务制度,由财政部依据本通则制定。

第四十六条　本通则自一九九三年七月一日起施行。